中国建筑文化讲座

汉宝德 著

生活·讀書·新知 三联书店

本书中文简体字版由联经出版事业公司授权出版。

图书在版编目（CIP）数据

中国建筑文化讲座／汉宝德著．—北京：生活 · 读书 · 新知三联书店，2020.8
（汉宝德作品系列）
ISBN 978－7－108－06892－7

Ⅰ．①中…　Ⅱ．①汉…　Ⅲ．①建筑文化－研究－中国
Ⅳ．① TU-092

中国版本图书馆 CIP 数据核字（2020）第 124306 号

责任编辑　崔　萌
装帧设计　蔡立国　薛　宇
责任校对　张　睿
责任印制　张雅丽
出版发行　生活 · 讀書 · 新知 三联书店
（北京市东城区美术馆东街 22 号 100010）
网　　址　www.sdxjpc.com
图　　字　01-2011-7530
经　　销　新华书店
印　　刷　北京隆昌伟业印刷有限公司
版　　次　2020 年 8 月北京第 1 版
2020 年 8 月北京第 1 次印刷
开　　本　880 毫米 × 1230 毫米　1/32　印张 7.25
字　　数　166 千字　图 136 幅
印　　数　0,001－5,000 册
定　　价　49.00 元
（印装查询：01064002715；邮购查询：01084010542）

三联版序

很高兴北京的三联书店决定要出版我的“作品系列”。按照编辑的计划，这个系列共包括了我过去四十多年间出版的十二本书。由于大陆的读者对我没有多少认识，所以她希望我在卷首写几句话，交代一些基本的资料。

我是一个喜欢写文章的建筑专业者与建筑学教授。说明事理与传播观念是我的兴趣所在，但文章不是我的专业。在过去半个世纪间，我以各种方式发表观点，有专书，也有报章、杂志的专栏，副刊的专题；出版了不少书，可是自己也弄不清楚有多少本。在大陆出版的简体版，有些我连封面都没有看到，也没有十分介意。今天忽然有著名的出版社提出成套的出版计划，使我反省过去，未免太没有介意自己的写作了。

我虽称不上文人，却是关心社会的文化人，我的写作就是说明我对建筑及文化上的个人观点；而在这方面，我是很自豪的。因为在问题的思考上，我不会人云亦云，如果没有自己的观点，通常我不会落笔。

此次所选的十二本书，可以分为三类。前面的三本，属于学术性的著作，大抵都是读古人书得到的一些启发，再整理成篇，希望得到学术界的承认的。中间的六本属于传播性的著作，对象是关心建筑的一般知识分子与社会大众。我的写作生涯，大部分时间投入这一类著作中，在这里选出的是比较接近建筑专业的部分。最后的三本，除一本自传外，分别选了我自公职退休前后的两大兴趣所投注的文集。在退休前，我的休闲生活是古文物的品赏与收藏，退休后，则专注于国民美感素养的培育。这两类都出版了若干本专书。此处所选为其中较落实于生活的选集，有相当的代表性。不用说，这一类的读者是与建筑专业全无相关的。

这三类著作可以说明我一生努力的三个阶段。开始时是自学术的研究中掌握建筑与文化的关系；第二步是希望打破建筑专业的象牙塔，使建筑家为大众服务；第三步是希望提高一般民众的美感素养，使建筑专业者的价值观与社会大众的文化品味相契合。

感谢张静芳小姐的大力推动，解决了种种难题。希望这套书可以顺利出版，为大陆聪明的读者们所接受。

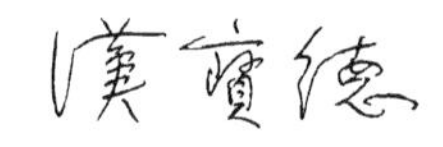

2013 年 4 月

目　录

第二编　认识中国建筑

序

如果要我选择一行学术的专业，我会选建筑文化。我始终认为建筑是文化的产物，一个民族的文化最具体的表现就是建筑。为什么世界上不同的民族、不同的国家，就有面貌完全不同的建筑呢？因为它们的文化有差异。因此不通过文化没有办法了解一个民族的建筑，不通过建筑也无法真正欣赏它的文化。

过去的四十年，我自世界建筑史的学习与研究开始认识文化对建筑的影响，进而对中国人的建筑文化发生兴趣。中国人建屋为什么要建成那么有别于其他国家的形式？屋顶上为什么有曲线？为什么那么五颜六色？为什么用木材而不用砖石？这些都是独特的价值观与行为模式所造成的。所以我是从思考中国建筑的起源开始学着自文化去理解中国建筑。我认为把民族的建筑看作特定的形状实在是太肤浅了。

可惜的是，我自回台后，一直担任行政工作，又从事建筑创作，花在学问上的工夫太少。谈建筑文化，只能浅尝，不敢深入。早期的一些讨论，尤其是谈到中国人的环境观念，都收在《建筑、社会与文化》的集子里。

后来为“救国团”的暑期学生活动讲台湾的传统建筑，涉及一些文化的观念，听众的反应不错。这个两小时的演讲讲了多次，因怕散失，就写成两篇短稿，却不敢发表。直到先室萧中行女士去世，为纪念她，就以小册子的形式出版，题为《认识中国建筑》。出版后，反应差强人意，印得不多，几年后就绝版了。

大约二十年前，东海大学建筑系要我回去做一系列演讲，我就借机会把中国建筑的文化主题分为五次，每周一次讲完。这时候我对中国文物已略有所知，就尝试以艺术与文物为佐证讨论建筑的意义。由于公务繁忙，准备不足，也只能浅谈。

事后该系列整理了记录，希望出版。可是我觉得不够成熟，一改再改，仍不敢交印。

转眼间，我已到了古稀之年，却仍未能自行政工作脱身。联经林总编辑载爵希望我整理旧稿，在我七十寿辰时出版，我不忍辜负他的好意，就把这五次演讲稿再整理一次，交出来了。他决定把它与《认识中国建筑》合为一书。此书的出版，标志着我终于放弃了对建筑文化深度研究的梦想，期望能引起年轻学者的兴趣，使建筑文化的研究能成为一个学术的专业。

汉宝德

2004 年 9 月于世界宗教博物馆

第一编

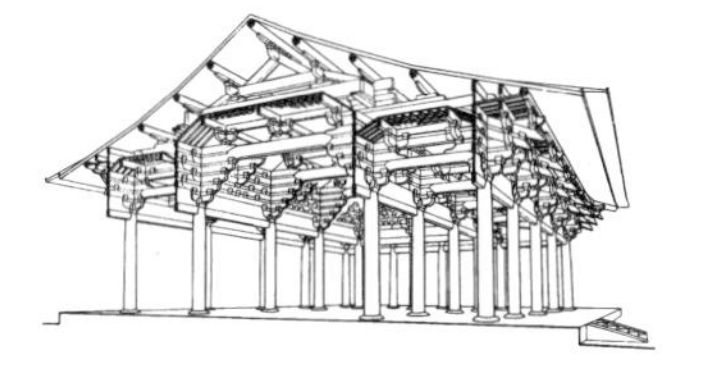

中国的建筑与文化

第一讲

建筑文化的基础

我离开东海已经十五年了，由于公务忙碌，很少回来。这一次要我回来以讲座的名义讲几堂课，我答应了；只是我并没有什么学术研究的成果要发表，回来，是想与各位见见面罢了。

过去十多年间，我几乎离开了建筑教学的岗位，只偶尔到台大城乡所上门课，因此久已没有严肃地研究学问。可是作为建筑学者，回想起来，前辈们也很少做严肃的学问。我自己安慰自己，现代建筑的两位最具影响力的先驱，勒·柯布西耶与赖特，都写了不少文章，但没有一篇是严肃的学术论文；然而他们的观念奠定了现代建筑的基础。到了 1950 年代，美国出现的路易斯·康更是喜欢发表文章，但以诗的形式呈现，完全看不起学术性的论著。1960 年代的理论家文丘里，写了很有影响力的《建筑的复杂性和矛盾性》，也不是严格的学术研究成果。也许建筑根本就不是一门学问，而是一个思想的范畴。

如果这样的解释是正确的，我也许可以把建筑家定义为思想家。

当然，思想要以学识为基础。孔子说：“思而不学则殆。”成熟的思想家离不开知识，否则就是胡思乱想了。建筑论述中确实有些胡思乱想的产物。

在过去十几年间，我思索了不少问题，大多在建筑与文化的关系上动脑筋。在这方面的思考，是基于我个人在建筑业务上的一些实际经验。我的事务所业务并不多，可是给了我面对社会人士的机会。我发现我自外国学来的，具有国际主义性格的建筑观念，没有办法与国人沟通；我发现理性并不能解决沟通的问题。对我而言，这是一个强烈的震撼。我逐渐开窍了，知道建筑不应该是理性的产物，建筑是文化。此一观念的转变，在东海的时候已经开始了。所以我对风水下了一点功夫，又曾做过一个“中国人的环境观念”的演讲。近年来的思考只是接续着这个方向，做进一步的探索而已。

在此我要承认，我要向各位发表的，有些是比较成熟的想法，有些只是思想的开端。与各位谈谈，真有抛砖引玉的意思。

建筑与文化的关系

首先让我谈谈建筑与文化的关系。

一般说来，大家都承认文化有精致文化与民俗文化之分；精致文化指的是艺术。如果我们同意西方人在19世纪的看法，视建筑为三大美术之一，那么建筑就是一种精致文化，这是没有疑义的。拿掉建筑，西洋的艺术史就不完整了。只是这种传统的界说，对于理解建筑与文化间的关系，并没有什么帮助。

另一种说法是1960年代开始流行的，就是把文化视为民族文化学中的文化。在民族学中，文化的定义较接近民俗文化，把文化看作生活的方式。每个民族都有其独特的生活方式，其中包括信仰、思想与行为模式。建筑是生活中不可分割的一部分，是生活方式的具体呈现，因此视为民俗亦未尝不可。这时候，建筑界最著名的学者是拉普普，他是以研究地方性建筑的文化背景成名的。

把建筑视为一种高级艺术，探讨建筑与文化间的关系，或把建筑视为一种民俗技艺，探讨建筑与文化的渊源，都不是我的动机。我思考此一问题的动机完全是基于前文所说的沟通不良。在我看来，不论建筑是高级艺术或民俗技艺，不同的民族就有不同的价值观。对于建筑的认知，除了极少数醉心于创造性建筑的赞助者外，这种价值观是不分层次的。今天的建筑界与业主及社会大众沟通不良，完全是学院派的教育使建筑工作者拥有专业的傲慢，不肯去了解民族的价值观所致。

所以我主张建筑界应进行一种文化的反省，先要探讨我们中国人的基本文化特质是什么，而这些特质所要求于建筑的又是什么。

举例来说，台湾的城市景观受到违章建筑的破坏；屋顶上的违章建筑几乎是无法消灭的一种恶病。这是怎么回事？而此现象在通都大邑与在乡镇中均同样风行。有人说，这是因为国人穷，建筑空间不足；这是说不过去的。我们都知道日本与韩国的国民住宅，面积也极为狭窄，但他们都会遵守规范，在有限的空间中经营自己的生活。只有中国人才会搭建屋顶违章建筑，或把阳台加上窗子，改为室内，甚至在阳台之外再突出铁栅，以占领公共空间。这样的行为不但台湾有，在香港、九龙，近期在内地都是很普遍的，而其他国家却很少见。

从这个观点看，建筑是一种行为。要了解中国人的建筑观不能只从建筑着手，要自更广阔的行为文化着手。搭违章建筑是中国人行为的外显，与穷、富无关。除非我们从事文化的反省，不然无法了解这些现象，也就无法想出适当的对策。

这个例子是当前的中国人的建筑行为问题。如果回溯过去几千年的历史，也可以用同样的研究态度，找出中国民族建筑行为的独特精神。我向来对中国建筑史感兴趣，也教过建筑史，实在是因为中国过去的建筑有太多值得我们思考的问题了；而建筑的前辈学者却没有接触到这些问题。过去的建筑史大都只能说明事实而已，并没有寻求发生此事实背后的文化力量。

到今天，我每翻阅中国建筑史的著作，读不了几页就不禁掩卷叹息。我很希望自传统的建筑研究中，找到一些传统建筑所代表的文化价值，但是自己的能力实在太有限了。我曾经写过几篇小文章，讨论斗拱的产生，探讨明清建筑的形式，但类似的问题实在太多，却没有学者在这方面下功夫。我有孤掌难鸣之感。

如果我们研究建筑史，不止于探究其然，也努力探究其所以然，对于中国建筑的了解就可更上层楼，接触到文化的领域。探究建筑的形式，不过是满足我们的好奇心。发掘形式后面的文化特质，则是使我们真正了解中国的建筑文化，帮助我们掌握中国建筑的主体价值。了解主体价值的所在，在现代化的浪潮中才不致失掉民族的特质。在接受现代化的过程中，我们也可知道何以有些西方的要素很容易被吸收，有些则被排斥。

我没有意思把中国建筑史的研究视为工具性的研究，可是眼看中国几千年的建筑传统就此断绝，却不能无动于衷。我们也无法把古建筑的实体留在我们的生活里，但我们至少把它的文化精神继续保留下来。

包装的原始文化

自建筑寻求文化基础是一个方向，但它常常是不够的。有时候，不得不从文化寻求建筑的起源。两者是缺一不可的。

要怎样寻求呢？可惜的是学者们没有为我们留下什么可以参考的资料，我们要学，只有靠敏锐的观察与缜密的思辨。

近几年来，我观察与思辨的结论，是觉得一个民族建筑外显的形式，可以一直回溯到文化的起源，这在中国古建筑上看得特别清楚。我认为中国文化是一个经过包装的原始文化。

何以言之？所谓原始文化就是人类在原始时代以本能为求生存所产生的文化。其基本的性格就是生存，一切价值以维持生命为主要目的，因此是唯物的。文明社会则是在生存之外，肯定精神的价值；甚至会因精神的价值而牺牲生命。那么，难道中国文明没有精神价值吗？为什么我认为中国文化只是一种文明的包装呢？

人类进入文明社会，必须在基本的价值上有利他的精神，约束生物性的欲望，以完成大我，这是西洋文明发展的轨迹。比如说，人类对性的欲望是强大的力量，它是来自生物繁衍后代的需要。自生物性视之，男性希望与多数女性交配是很自然的；自然界不乏这种例子。而强者就是可以拥有大量雌性配偶的雄性，这常常是经过战斗而得到的成果。可是人类进入文明，首先要约束这种欲望。在西方世界，以爱情来使性欲精神化，将爱、欲相提并论。这是因为在性交与孕育后

（左图）商代晚期鼎上的饕餮纹 （右图）商代青铜器鸮面纹觯

代的过程中，爱扮演了一定的角色。西方人夸张了爱的重要性，发明了一夫一妻制。其目的在于维持人类社会的和谐，以免因抢夺配偶而发生杀戮的非人行为。自此，西方人把人与动物分开。

无可讳言的，为了保持社会的秩序，西方文明有禁欲的色彩；以后的宗教也循着同一路线。因此，这种压制性欲的道德观，使自然人的性格受到挫折，而产生复杂的心理变化，制造了人间无尽的悲剧。西洋文学与艺术的悲剧常常是如此发生的。

对比于西方文明，原始部落中性的自由，与酋长可以拥有任何女性，是明显的属于动物世界。他们一直停留在基本的求生存的阶段，也是显而易见的。

中国的文化当然不是原始文化，但也没有发展出与原始文化精神相反的文明。我们的祖先为了保持人间之和谐，也产生了人文色彩浓厚的文化，但其基本精神却是尊重生物天性的。对“性”而言，中国人视为当然，因此有圣人“食色性也”的话。中国古代并没有禁欲的伦理，认为性欲是自然的，只是要考虑其他人也有性欲而已。基于此，中国人没有发展出“爱”的观念，也没有一夫一妻制度，有钱有势的人可以娶三妻四妾。

什么是包装呢？中国文化中保留了原始文明的自然需要，但加上了繁复的礼仪。性，强调孕育后代，称之为传宗接代。由于一个孝字的包装，性成为家族责任，孕育后代就成为严肃的道德行为了。经过这样的包装，在中国社会里，纳妾也是为子嗣，性行为变得十分神圣，然而在骨子里仍然是不免放纵性欲的。

包装的原始文化在性方面最为突显的，是中国本土宗教——道教对性的看法。他们以性为精，以为修养或服药可以强化性能力，甚至有御女以养生的说法。民间神话的流传中，有与仙相交而长生不老的故事。这都是把原始的性欲神圣化的企图。

中国文化并没有发展出约制原始欲望的体系，却努力把这些欲望美化与神圣化。我们并没有把兽性改为人性，这是原始的人性观。由于承认了欲望是人性，为了保持社会的和谐，我们在伦理的要求上，不信任内在的自我规范，发明了“男女授受不亲”的观念，以避免诱惑。

为说明“包装的原始”，我画了一个表，说明了中国文化特质为何推演出中国的建筑。这个表并不成熟，如依学者的严格标准，也许不应该发表出来。但是我希望把我思考的结果具体地表达出来，接受大家的批评指教。

我认为原始的信仰是最基本的文化要素，与本能主义的人性观同样居于重要的地位。好像生物性的欲望是在物质生活中表现出来的，中国人在精神生活中也表现了原始性，宗教信仰就是如此。

原始宗教是一种神秘的信仰，包含了强烈的恐惧感，每一个民族的信仰在开始的时候都是如此。任何一个文化，如果继续保持神秘的色彩，经由祭司或巫师来沟通神人关系，这个文化就很难发展为文明国家。玛雅文化已经自地球上消失，然而我们看到他们流传下来的建筑与遗物，就能体会到那种恐惧感与神秘感。在这种气氛下，人的智慧是不可能发挥出来的。

我们中国的商文化也是很可怕的。商代后期的铜器，想象力非常丰富，但却是属于充满恐惧感的想象力；鬼神的造型凶恶，可知尚停留在恐怖的精神世界中。很难想象那时候的人，用自己的造物来恐吓自己。从今天的遗物看，商代虽有了较进步的技术，在精神上，是同一层级的。

而文明的开始，我个人认为，就是从神秘恐怖的原始信仰，发展出神话的时候。神话是把超自然的信仰人性化的重要步骤，希腊的文明自神话开始，中国古代也自神话开始。人性中善良的部分，投射到神话中，软化了凶恶的面貌，使神以人的化身出现。

今天读《楚辞》中的《天问》，仍可以感到古代中国神秘信仰的力量。出现在文人笔下，已经是神话了。可是真正精彩的神话世界是希腊文明。

古希腊是通过艺术来落实神话世界，发扬了人性的光辉。古希腊所留下来的一切雕刻，所有的绘画，甚至工艺品上刻画的图样，乃至精美绝伦的建筑，都是神话世界的产物。对于神的信仰，在艺术家的手中，转变为美的理想；美成为神人之间的媒介。希腊雕像中，那么高贵、美丽的女孩子，那么健壮、雄伟的男性，都在描述

古希腊神话题材瓶画

众神，也都成为人间的典范。因而产生了艺术上写实的理想主义的风格。

这些神因被赋予人的形象，神话才生动。我一直认为写实的艺术品的出现，是文明的曙光。古希腊人要塑造理想的人体，才细心地观察人体的构造，才敏感地觉察人体的美感，因此创造了人文社会中两大支柱：科学与艺术。没有走上这一步，是很难逃开恐怖主义的支配，而进入文明的世纪。

古代的中国虽已有了神话，却没有以神话为中心建立新的国度。周代开始，中国人建立了“天命”的观念。天命代替神秘又恐怖的神祇，是一大进步；因为天命是人的道德、行为的投射。中国人最早发明了道德这样的东西，来约束人类的兽性，然后把它投射到天上。这其实是“天人合一”的哲学观的开始。

因此古代的中国虽也有多种神话，却没有利用它改变社会，而是使用天意来催化文明。这使得中国在科学与艺术上落后了西方。

正面地看，这种以道德为主体的天命论，却有吸纳其他信仰的弹性。而古希腊的神话，竟禁不起基督教的冲击！

中国的神话就在天命观承继了原始宗教的大环境中，逐渐化解为片断的故事，流传在文人墨客、工匠艺师之间。虽然没成什么大气候，却在古代文学中随处可见。在近年出土的文物中，更证实了神话在人民生活的层面，占有重要的地位。神话在当时是实质的宗教。马王堆出土的汉代帛画，可以证明这一套神话是流行的，而且很虔诚地被信奉着，只是被天命论主导的儒家思想压制了而已。

希腊神话被基督教所取代，后来被称为异教，可是中国的神话就发展出仙话来了。仙话是什么？就是人可以成仙，就是干脆认定神、人是相通的；人经过修炼可以成为不老的仙人。有了这种信仰，就很热闹好玩了。中国人不承认有天堂，却认为有天国。仙人可以飞升，可以羽化。这种想法虽然不切实际，也没有建立起有系统的宗教，却一直流传着，对中国人的生活观产生很大的影响。

“上天有好生之德”是一句很重要的文化宣示。它一方面使我们注意要爱惜万物的生命，以仁慈对待生命，同时对于自己要注意生命的延长与延续。仙人的想象只是自生命的无限延长而梦想之转化而已。

可是这种好生之德与神仙之说，带来了“生生不息”的生命观念，反映在多种文化现象上。中国的好生恶死，以“寿”为最重要的价值，充斥于通俗文化中，因此也产生了生命的建筑观。这几乎是中国建筑环境观念的唯一源头，实在是轻忽不得的。

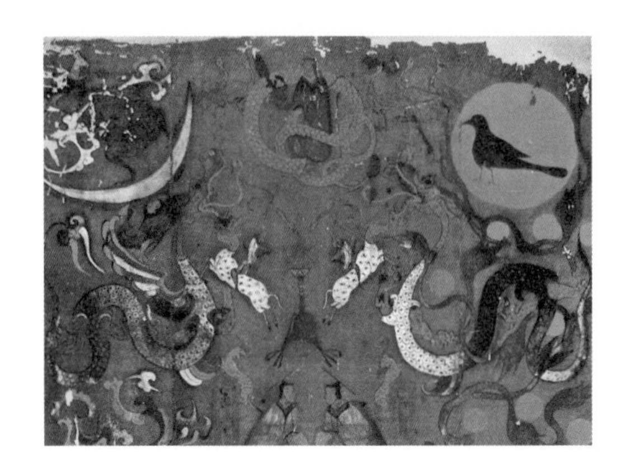

马王堆一号汉墓帛画

生命的建筑

在中国文化里，建筑并没有客观存在的价值；它的存在，完全是为了完成主人的使命。除了居住的功能外，建筑是一些符号，代表了生命的期望。

大家都知道，中国人很重视风水。风水的理论与实务都很复杂，但其作用就是求生的机制，其目的不过是接纳生气，排除煞气而已，建筑在此几乎成为求生的工具。即使是墓地的选择，也是为活着的人之幸福而决定。这就是为什么后世子女为争先人之余骸而兴讼。没有建筑，没有先人余骸，即使是第一等的风水福地也发挥不了作用的。

由于建筑没有客观的存在，所以建筑的造型不必求其独特，也不必求其永恒，所以中国人没有发展出石头的建筑。建筑与人生一样是有其寿命的，它随着主人的生命节拍而存在。因此使用可以腐朽的木材，要比使用不会腐朽的石头，更有生命的意义。

中国人并不是不会使用石材建屋，而是有意地选择了木材。由于中国的木材是大型建材，所以需要山上的大树，故每有建屋，就要耗费国家的财力。秦代建阿房宫，蜀山为之伐空；后代开发过甚，华北主要地区均无可用之材，甚至要自长江流域以南的地区伐木北运。耗费之大，每每引起经济问题，故修宫室必为大臣所谏阻。慈禧太后修颐和园甚至挪用了海军的经费而亡国。这些事实说明了中国人选择木材不是为了省钱，不是因为技术上的落后，只是代表一种价值观。

过去从来没有人讨论这个问题，没有人讨论就是肯定。我们认为石材只是地面下或脚下的建材，因此墓室是用石材砌成，它暗示着死亡。而木材是向上生长的树木，代表着生命。在汉代以后盛行的五行说中，木象征生气，以青龙为标志，方位为东。

古建筑技术中，即使砌墙也不用石或砖，而用夯土，所以古代称建筑为土木。在五行中，土也是吉象，居中央，主方正。它与木相配合，是相辅相成的。而石材，其质地近金，有肃杀之气。事实上，木材的建筑是亲切近人的，手触之有温暖的感觉，而室内的柱子也暗示了树林之象。

前文说，建筑随主人的生命节拍而存在。诚然，中国古建筑除建于山上的大庙可以历代相传外，对一般的人民，建筑的功用是蔽体，与衣服类似。它有兴建、完成、倾塌的生命现象，大家不以为怪。新建筑是因主人发迹而开始的，因主人事业飞黄腾达，而有富丽的景象，车水马龙的活动，因主人的衰退或失败而归于沉寂，终因岁月之磨蚀，无人照料而破败。所以中国人的纪念性是子孙的繁衍与发迹，而不在建筑的永固上。如果后代争气，自然可以对建筑善加照顾，按时修缮。如有子孙在功名上超过先代，则必再建为更大、更豪富之住宅，以“光大门楣”，而无须保存老宅。

中国自古以来，民间就没有长子继承的制度，而采取遗产由儿子们均分的、合乎人性的办法。可是这种制度对建筑的保存最为不利。如长子继承，则前代的事业与财富可以保存，建筑就成为家族的象征；英国人就是如此，他们的古堡可以代代相传。由儿子们均分，则建屋的一代去世，建筑就必须瓜分，而失去其原有的功能。两三代后如无人再度发迹，就成为大杂院了。台北板桥与台中雾峰的两座林宅，就是这种情形。

生命的感觉对中国人而言，比起永恒还要重要。除了在环境上感受到生气，在材料的使用上执着于木材之外，造型的生气尤其重要。

在绘画理论上，从六朝开始就有“气韵生动”之说；后世尤其把气韵生动视为最高准则。只是何谓气韵？如何才能生动？是极不容易下定论的。在造型艺术的表现上，我认为就是飘逸的、流动的感觉。汉代留下来的壁画，使用毛笔勾画的轮廓，发挥了轻快、飘然的趣味。画家的修为就是用毛笔迅速移动，表现出人物的仙风道骨；女孩子的衣物与飘带，看上去像飞起来一样。

近年来，内地出土了很多汉代以前的器物。随葬品中有女孩子的陶器雕刻，大多身材细长，衣袖与下摆飘然，身体的姿态轻盈可观。汉代出土的马非常多，大多腿与脚非常细，几乎无法站立。其实他们相信最好的马是飞马，几乎脚不着地的；有一个著名的铜雕就是飞马踩在燕子上，可见其毫无重量。

这样的造型文化观必然反映在建筑上。汉代不用石砌建筑，实在因为石头太厚重，没有飘逸感。唯有木材，而且采用木柱支撑系统，才可能建造出当时的主流文化所需要的感觉。因此在我看来，

汉代舞蹈人俑

北齐石刻上的屋角起翘

宋画中的山石

在六朝时期，中国建筑产生了翼角起翘，就是一种气韵生动的表示。建筑不及绘画、雕塑容易自由表达，它必须使用结构的方法建造出某种感觉。因此地面用短柱支撑，屋顶以曲线起翘，可说是很聪明的、使建筑的重量感消失的手法。如果有一组大小、高低不等的建筑，都有屋角起翘，确可予人生动的感受。

所以在过去，西方与中国的建筑史家，以结构功能的观点去解释屋檐的曲线，基本上都是多余的，因为它是气韵文化的必然产物。因此我认为曲线是中国建筑最基本的特色，并不是有些建筑家认为的附属的性质。现代中国建筑师常常只重视传统的结构与空间，忽视曲线的文化意义，他们新建的“中国”建筑，虽然使用了传统的语汇，只是无法使我们产生中国的感觉。

气韵文化在古代的中国是与神仙说相关联的，羽化成仙的故事等于一种流行的信仰。神仙说一方面促生了道教，希望以丹药修为羽升；另一方面则使大家相信，死后也是要升天的。神仙说在建筑上的影响比较显著的是园林艺术，我曾在另一本书中描述园林中的很多构想，其实是把仙景在地上实现。

中国的园林中，石是重要的材料，但不是厚重、坚实又自然的山石，而是合乎“瘦、漏、透、皱”原则的怪石。在今天看来，中国人喜爱的石景，是不健康的石头，看上去没有重量的伪石头。开始时，这样的石的造型是与仙山有渊源的；到后来，文人们对这种弱不禁风的怪石，产生了直接的感情，不但成为画家笔下宠爱，一般文人的案头也少不了它了。

人本的精神

前面说过，中国文化是包装的原始。在殷周之间，逐渐产生的人文精神，以礼制为代表，是一种高级的包装，这就是周公到孔子、儒家数千年的正统中国文化的标志。

这种以礼为代表的人文思想，建立了中国文明的伦理秩序，而秩序的目的是和谐。儒家把人世用君臣、父子、夫妇、兄弟、朋友的关系设定了行为道德标准，就是有名的五伦。这种秩序反映在建筑的空间上，形成中国所特有的空间观。

第一个特色是均衡、对称。这是就个体来说所表现的和谐。上天赋予人体的造型，基本上是对称的，因此对称的空间与人之环境感受是相配合的。也可以说，中国建筑自始即应合自我的形象，建立了空间秩序。这一点在西方，是到了文艺复兴之后才发展出来的。

第二个特色是建筑配置的井然有序。中国的个体建筑都是极简单的长方形匣子，因此凡建筑皆成组。四合院几乎是最起码的组

北京太庙观赏石

合；每一个组合都反映了天命的观念，都是一个小的宇宙。在北方，建筑都要坐北朝南，左右厢房围护。如果是大型建筑，则有数进、重复合院的组合。在成组的建筑中，从个体建筑的高低大小，可以看出何者为主，何者为从，建筑群因此可视为人间礼制的反映。在住宅建筑中，按身份分配居住空间，有前后之分，左右之别，秩序井然。

人本的精神除了表现在空间秩序与人间和谐上之外，就是明确的感官主义精神。这是可以自建筑的审美观看得出来的。

感官主义就是以满足感官的需要为原则。前文我们说过，古圣人承认食色性也，没有要我们过分地约束自己，只是要我们在满足自己时不要忘了别人而已。中国人在追求享受的时候，并没有犯罪的感觉，因此也没有基督教“富人进天国，比骆驼穿针眼还难”的观念。由于我们视追求美感是本能的一部分，所以自古以来就没有美学，也没有抽象的理论。

就建筑来说，西方在罗马帝国时代，维特鲁威的《建筑十书》总结了古典时期的建筑观。可是中国人即使到了汉朝，也没有类似的著作，有之，只是文人们描述帝王宫室、苑囿的壮丽、华美而已。我们不能理解概念性的、理想型的美学，只有如何满足声色之欲的美学。

在古代，也有少数人强调精神，那就是道家自然主义的美感。此一观念虽有陶渊明等为之发扬，成为后世文人思想之宗师，但鲜有认真接受为生活美学之准则的人。他们嘴里是陶渊明，生活却仍然是感官主义的信徒；嘴里赞扬竹篱茅舍，住的宅第仍然是精雕细凿、雕梁画栋的。

自汉代以来，中国建筑就是极为华丽的，汉赋中描写的宫殿，富丽堂皇，极尽雕凿之能事。唐宋以来的建筑，有出土的建筑画为证，梁、柱都画了多彩的图案。明清建筑现存的甚多，色彩的艳丽是大家都看到的。

在我国，只有贫穷地区的民间建筑才显出朴实无华之美。在内地，封建时代建筑的色彩是受严格限制的，民间只能用灰、白、黑色。但富庶的地区，尤其离开北京较远的地区，民宅中也不乏雕梁画栋；台湾的建筑就是如此。

中国人喜欢幸福、喜欢亮丽、喜欢圆满、喜欢长寿。因此建筑上布满了这些象征，这与西方的悲剧性格是大相径庭的。在中国富有人家的建筑里，陈设的艺术品也充满了幸福与圆满。今天富裕的台北市民，很多人在客厅里挂了牡丹花、百寿屏；他们如果买装饰性的器物，也喜欢色彩亮丽、主题圆满的。在古物市场上，最抢手的是清代外观伧俗，但五彩缤纷的东西。后世的中国人对于宋代高雅的单彩瓷器完全没有兴趣。

明四合院模型

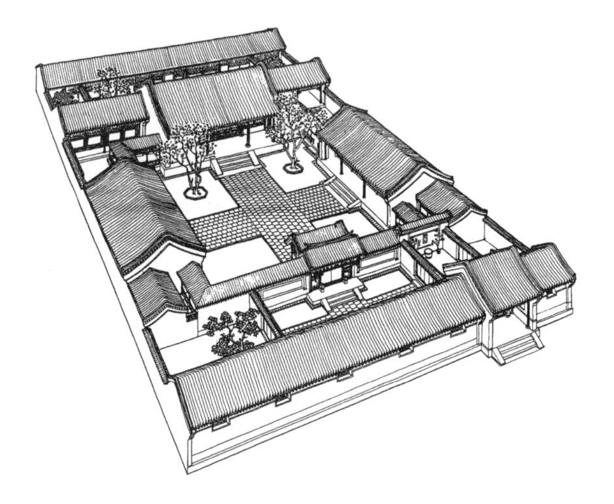

北京四合院民居

对比之下，东瀛的日本人崇尚简朴得多。日本的建筑，尤其是住宅建筑，使用木材按榻榻米的模组建造，完全是原木做成，不加任何色彩。他们不但用原木，而且喜欢原木的木纹。这一点，中国人除了在明末清初的黄花梨家具上面一度喜爱外，对我们是很陌生的。

人本主义的精神同时也呈现在宗教建筑上。

由于前文说过，中国人的观念是神人不分的，或可以说，神与人是很接近的；很多神是我们所尊敬的人，因此宗教建筑是非常亲切的。严格地说，中国并没有宗教建筑，自南朝以来，舍宅为寺的记载甚多，因此寺庙只是大型的住宅而已。

这个观念与西方建筑比较就明白了。

西方系统的宗教建筑，自埃及的神庙到希腊的神庙，乃至基督教的教堂，建筑都是简单的长方形，都自短的一面进去，然后沿长轴前进，把神坛放在最后的位置。这样的安排，形成一种空间的压迫感。他们的建筑是石头砌成，早期十分黑暗，后期有阳光自高处照射，都是控制人的精神，强化神秘感的设计。神与人的距离在这里非常远。基督教的《圣经》里每有神的力量呈现，总有光线照射；所以在黑暗的建筑中，自缝隙中有光束出现是具有宗教意义的。

中国的庙宇完全相反，没有神秘感。同样是长方形的建筑，我们是自长向进出；因此进到大殿立刻就看到老先生、老太太了。如果不是在老庙里被长年烟熏得黑蒙蒙的，他们应是明亮可亲的。我们在供台上放些水果、点心，与问候老祖母一样，烧几炷香，传达我们的心意。我们奉祀的神，都有求必应，可以立刻兑现的。所以我们的宗教建筑与住宅建筑并无两样。

中国的信仰，即使是对于外来的佛教，也是仙话的延长。我们

宋代建筑彩画

琉璃梁枋彩画

为观世音创造了很多故事，好像她是一位救世救人的神仙，只要我们求她，她就会帮忙。西方的基督教在中世纪末的时候，圣母玛利亚也被民间视同神仙，但是他们进行了宗教改革，又把神抽象化，令人感到遥不可及了。

务实的观念

现世主义的中国人，对于宗教没有真诚的信仰是不在话下的。在处理一切精神问题时，都予人以务实的感觉。对于不可企及的来生，除了极少数人，是大家所不在意的。中国人不是宗教民族，也不是内省的民族，所以内省性的精神生活不是中国人的专长。

把握禅宗的精神，日本人开拓了一套精神生活方式，包括茶道、花道，是中国人所不了解的。中国人饮茶是为解渴，插花是为美观，并没有进一步的精神价值。包装的原始，只是美化生存的条件而已。

中国人的务实精神可以用绣花枕头来表示。

以建筑来说，在中国从来没有“表里如一”这回事。外表是为了外观，里面是为了结构。外表既不意在彰显里面的精神，里面也不会为外观多浪费一分材料。比如说，外国人的建筑是石砌的，则内外均为石材，因此透出石建筑的精神。材料与结构既砌成建筑空间也表达了建筑的精神。同理，砖也是一样的。这点，西方原是很坚持的，可是到了盛行人文精神的罗马与文艺复兴，也有所改变。

西方人虽然在文艺复兴时代使建筑表里两分，却发展出一套外表的设计系统，传达了一种结构的观念。而中国的建筑连一个伪的系统也没有。外国的砖造建筑，很在乎砖砌的技术。砖本身要烧得坚实，尺寸大小相等，而且不能有缺残。砌工要实在，泥灰要满缝，才能使砖墙坚固不倒。这样的砌法，完工之后，表面的花样自然工整可观，只要勾缝就可以了。室内为了明亮可以涂白灰，但现代建筑时代，常常也喜欢裸露的砖面。学院派的建筑，为了有一个雄伟的外观，常在砖建筑的外皮，用灰泥或石块，做出一个古典柱梁的架子。但基本上，里面是不会马虎的。

但是中国人砌砖情形就大不相同，没有多少人注意砖的品质，也没有人在乎砌砖的方法。在我们的心目中，墙壁站起来就好了。至于砖墙的外观还是要另加上去的；或用瓷砖，或用面砖，或用石片，或用洗石子把砖面包起来，因为砖墙砌不平，砖质太差，不足以挡风避雨。台湾建筑的砖墙不足承重就是这个原因。中国人自古以来，墙以土夯成，砖只是表面材料而已！

不但砖石结构是如此，木材也是如此。若干年前，台湾的大型桧木都高价卖到日本去，台湾本地的建筑则可以使用较差的木材。实在

北京雍和宫雍和门

是因为日本的建筑大多以原木呈现，因此寺庙的大材都要好的木材，使用精准的技术建成，一点都马虎不得。可是在台湾，寺庙的柱梁木材并不一定统一，因为木工之后，一定要上漆、加彩，木纹是看不到的。较差的木头，上了麻布，也可以充数；加彩以后，就完全看不到了。由于这样的观念，后期的中国人在大木料不容易取得时，发明了合成木材。中国式的合成木材是用小木材以胶合的方式做成大柱子，上面“披麻捉灰”后，加了彩就看不到柱子的本身，在外观上与大木材做成的柱子是没有分别的。这是一种务实的精神所促成的发明。

这种对材料的务实主义，可以引申到构造方法上。对材料的完整性太过认真，就会在构造上秉持道德主义。可是中国建筑的大木连接部分的构造，以台湾建筑为例，是完全务实的。为了搭建方便，柱梁之间的接头并不要求完全精准，而是采用先搭成架构，再用楔子去收紧的做法。由于上有彩画，这些并不利落的接榫，在外观上并无所觉，遇到地震，还有消解弯力的作用。

其实这种精神，自唐代的佛像造像上已经看出来了。唐宋以来的木质雕像常常是用木材拼起来的，身体的各部分分别刻好，然后拼接在一起，上面施以彩色，把拼接的缝隙覆盖。这样做，比起勉强使用一块大型木材要合理得多，因为可以选取最理想的木材雕出身体的各部分。

大家都知道，外国人的雕像常常要从材料上找创造的灵感。米开朗基罗要先看石材，才知道要雕成什么作品。直到今天，西方的观念还是自材料的精神开始思考。日本的原木雕刻也是同样的自木材看出艺术的造型。近年来，台湾受日本的影响，常自奇木中雕出神像来，就是这种精神的产物。这种雕刻品的重点就是自木材的原型中找到神像的形体。这不是中国文化的产物，因为中国人不迁就自然，而视材料为材料，认为材料是为达到我们的目的而存在的，它的本身并没有精神价值。

很有趣的是，中国的人性定义中的现实主义精神，在这里与表面主义的物质条件相会合了。中国建筑为了保护木材，为了覆盖有缺点的木材，使用表面的装饰，这本来是物质上的需要，可是因此使表面的装饰成为制度，象征了社会地位，维护了伦理制度。因此内、外两分，符合了中国人务实的性格。

中国文化在建筑与庭园的关系上也是如此。庭园艺术在中东与西方都是互相配合的；凡尔赛宫的几何形花园是以建筑的大厅为中心发展出来的。换言之，西式的庭园虽尚未有内外融为一体的观念，至少已有花园是室内建筑空间延长的观念。只有中国人是把园与宅完全分开的。这种空间内外两分的关系，呈现在苏州拙政园上，也反映在板桥林家宅园上。

北京孔庙大成殿

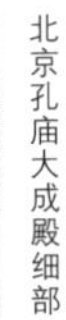

北京孔庙大成殿细部

中国人在住宅内是道貌岸然，一切照伦理制度做事，但是在生活中的诗情画意，则以宅后的园林为中心。这是两个完全不同的天地，反映了中国人外儒内道的生命观。儒家的道理是面子而已。

其实自空间到装饰，这种务实的精神反映在各方面，甚至在装饰的细节上。我在台湾的古建筑中发现一个现象，庙宇梁栋的装饰雕饰在大殿中有正反面之分。雕凿之美大多呈现在神像所面对的空间中；面板的装饰，次间的一面雕凿较少，甚至完全未加雕饰，似乎在表示，只要神满意就可以了。神看到的空间也就是人看到的空间。人站在殿堂中央所能看到的，都装点得十分完美，后面就不甚在意了。这是极端的面子主义的做法。

我有一个古时的小供几，是山西的东西，有明代的风格。它是四只腿的小几，但因为是供几，前后不会交换使用，所以只看到正面，匠人即只雕凿正面。今天看来，令人讶异，实际是代表了中国人的形式观的。

结语

建筑是文化的上部结构。建筑的每一现象都有文化的根基，这是毫无疑问的。

在这一讲里，我试图以文化的现象来解释中国建筑的现象，是我观察中国人的行为近三十年的一点心得。我把信仰放在文化的最基层，与原始物质的条件并列。至于中国人为什么会有这样的信仰及人生态度，我是没有能力去追究的。我并不是古文化学者，我的看法是观察今天的社会现象，读中国历史，向上推论，而逐渐形成的，所以不敢以学问家自居，虽然我相当有自信。

举例来说，中国人没有宗教信仰这件事，是很多文化观察家的看法。中国社会靠礼制来维持秩序，是用外在的力量来形成人类社会。因此中国人没有内在心灵的约束，社会上经常发生残忍的杀戮事件。自这一点说，中国人是原始而野蛮的。这就是为什么西方人把“敬畏上帝”与文明社会等量齐观。

中国人依赖的是外在的礼制与儒、道的人性定义。性善论是中国哲学的基础。礼制与人性都是很薄弱的，因此礼制在纪元前就变成维护帝制的法制，形成外表是儒家、骨子里是法家的局面。民国初年，蔡元培先生主张以美育代替宗教，是希望以美育来净化中国人的原始性格。因为中国的原始宗教太过现世了，中国人太重视感官的满足了。

从这些文化的观察中，才可以了解中国传统建筑的价值观。中国建筑是在现世主义、生命主义、官能主义的人生态度下，受伦理制度的外在约制而产生的。要这样去了解，才知道中国人的建筑行为何以如此的动物性，何以缺乏精神素质。

下面所附的表，我知道是很有争议性的；但这代表了我过去若干年思考的成果。我认为表上所列也许不甚精确，文字、用语也许需要斟酌。但是基本的推演关系是没有什么疑问的。

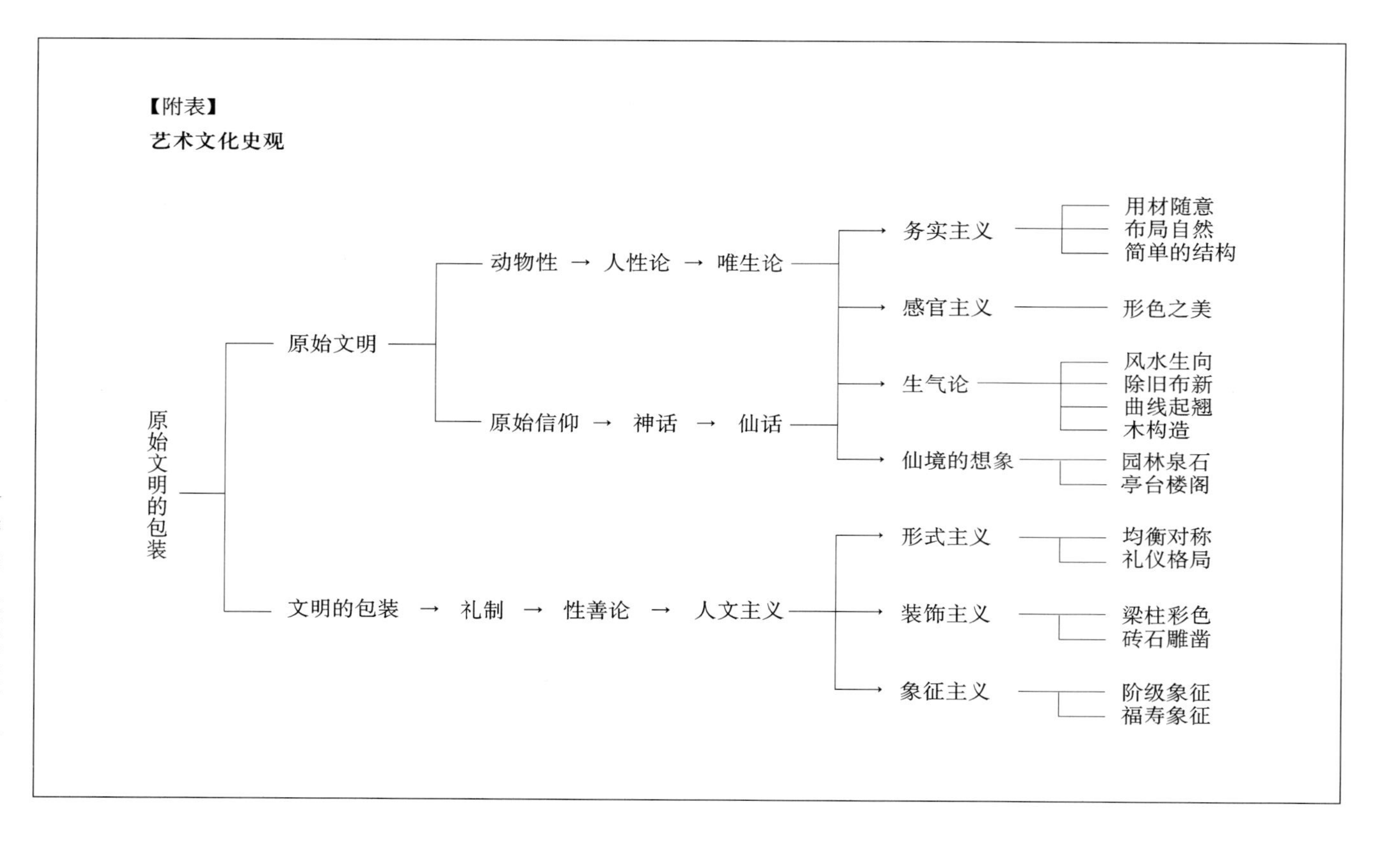
【附表】
艺术文化史观
原始文明的包装
原始文明
文明的包装
动物性 → 人性论 → 唯生论
原始信仰 → 神话 → 仙话
文明的包装 → 礼制 → 性善论 → 人文主义
务实主义
用材随意
布局自然
简单的结构
感官主义
形色之美
生气论
风水生向
除旧布新
曲线起翘
木构造
仙境的想象
园林泉石
亭台楼阁
形式主义
均衡对称
礼仪格局
装饰主义
梁柱彩色
砖石雕凿
象征主义
阶级象征
福寿象征

第二讲

自文化看中国建筑的三个段落

上次我们谈了一些与中国建筑文化相关的基本问题。今天要讲的题目，是关于中国建筑在数千年历史中发展的段落问题。也就是建筑史上常提到的分段。

我们平常提到的中国建筑，好像是一个普通的名词，但是稍微细心想想，就发现其意义很难了解。中国幅员广大，在数百万平方公里的范围中，地理上有各种不同的区域，每一区域又因地区的不同出现不同的次文化。以语言来说，中国何止于数十种？然则中国建筑在空间上是以何地为准？过去几十年间，每当我决定要认为某一些特色是中国建筑的共同特色时，时常会发现例外。比如说，一般认为合院是中国建筑所有，似乎应该错不了。然而最近我去西安，到附近参观史迹，发现沿途的民房，没有一个三合院，全都是古怪的、偏边的。可见合院不能用来概括地描述中国建筑。同理，中国历史悠久，数千年王朝更替，基本上是一脉相承的。然而时代推演，各代的文化特色不一。试看最近考古学者所复原的服装，各代迥异，粗看之下几乎为异族，可见在文化上都会有很大的时代差异。然而在时间上，我们要以哪一阶段代表中国建筑呢？

要了解中国建筑，必须把空间与时间的因素考虑进去，当作一些变数。其实空间的因素与时间的因素相乘，中国建筑的面貌是几乎无法确定的。我们只有放大视野，把建筑放在文化的背景上观察，才能找到共同的特质。模糊掉时空的区隔，供我们研究讨论，这是宏观的研究方法。

文化也是在不断的演变之中，因此谈中国建筑几乎无法避免地要以历史演变为纲领。今所要谈的，正是自文化史发展的角度着眼，来观察所谓的中国建筑。

在过去，研究中国建筑缺乏了历史的观点。1930年左右，先贤们研究中国建筑是自眼前的北京故宫开始。先弄清楚清代的官式建筑的构造，再到河北、山西去探索古老的建筑，回溯到唐宋。经过测绘之后，他们自然地只从构造方法上下了结论：那就是中国建筑的起源、成熟、衰退的三部曲。秦汉是建筑的起源，唐宋是成熟期，明清则是衰退期。秦汉并没有木结构保留下来，但是从石刻上的图像推论，构造是简单的。这样的三部曲历史观可以满足建筑的需要，且与一般人怀念汉唐盛世的心情相吻合，解决了大部分观念上的问题。这种看法流行至今，除了我之外，没有人提出异议。我在二十年前写《明清建筑二论》的时候，就指出这种说法太简单了；单纯的结构发展论不能代表全面的价值观。很可惜这么多年来，连一个与我吵架的人都没有。

问题是，在建筑界视为当然的事情，在一般历史上并不能认可。从疆域与国力上看，汉唐的中国不如清的中国，更不用说元代了。

清朝乾嘉之前的中国，在各方面都是中国史上最富强康乐的时代，只是统治者为满族人而已！唐王朝难道不是外族的统治者吗？

因此把斗拱自壮硕到纤细的发展，看作纯技术的发展，并指为“衰退”，是一偏之见。我在《明清建筑二论》一书中只提出了形态演变的观点。到今天，我接触了一些内地出版的金元建筑的资料后，觉得文化的背景可以有更宽广的解释。我认为明清建筑上斗拱占的比例较少，可能是北方民族在传统上不用斗拱，入关后，以无斗拱的木架构与汉民族的有斗拱的架构相混，而产生了新形式。这种情形有点类似意大利的文艺复兴过阿尔卑斯山之后，出现巴洛克建筑一样。也许正统派的建筑史家看不起北方的巴洛克建筑，但德国的历史学家的自我肯定，已经得到普遍的承认。巴洛克建筑不是末流，是新种。这是对文化独特性的承认。

因此把中国建筑自汉代到清代画一个正弦曲线的简单的发展史观，虽然明了易懂，但却不能代表事实真相。要认真了解中国建筑，还它一个真实的面貌，必须认真地在文化的大背景中寻找。

我虽然知道正弦曲线是一种误导，但以我的学力，以我的才能，无法找到那些事实真相，为各位提供明确有力的新见解、新模式。因此我自最单纯的历史分段寻找。如果我不承认汉代是青年，唐代是中年，明清为老年的看法，就不能不认定这是三个不同的阶段，各阶段自有其青年、中年、老年。这使我觉得中国历史的分段实在与西洋史有异曲同工之妙，是可以互相参考的。

中国的古史，在商代之前的，尚在混沌之中。虽然考古学者逐渐肯定了夏代的文化，可是夏代及其更早的新石器时代是否受西亚文化的影响，尚有见仁见智之论。又是自原始进入文明的商代，逐渐发展

汉代几何龙虎纹空心砖

为一专制的帝国，又崇尚鬼神，发明了文字及青铜的技术与艺术，是相当成熟的尚鬼的文明。所以夏商的文化可以称为前古典的文化。

我发现西方人确实是这样看中国历史的。因为欧洲历史可大分为古代、中古与近代，他们也把中国史这样分。初看上去觉得不伦不类，可是仔细想想也蛮有理的。古希腊罗马约略与中国的春秋战国和汉代相近。5 世纪后的基督教带来中世纪文化，与中国唐宋盛世实无法相比，但自宗教信仰看，却可与中世纪文化相比类。而宗教俗世化产生的文艺复兴，恰恰与中国的元代与明初同时，明代亦有人称为文艺复兴，而明清文化之一贯性，大家都没有什么怀疑。

西方与中国史最大的不同，就是中国王朝连续不断的事实。这就是中国建筑大体上因袭同一形式的原因。而西方的每一段落都是死掉以后再生的。中西历史上约略相同的就是汉到六朝这一段混乱期，相当于西方历史上的蛮族入侵。中西此时都是大帝国瓦解，宗教力量兴起的时代。隋唐帝国确实是自瓦砾中再生的，中国的中世

北京孔庙斗拱

纪因唐帝国之故而与西方迥异。因此至少汉代以前的中国同于西方古典时代是不应该有疑义的；它们有很多共同性。

中国的古典时代

中国文化创发于七千年前的新石器时代，古典时代应分两个阶段，前段为自殷商与西周到春秋，类似西方从中东的影响到发展成熟之希腊时代，奠定了中国古典文化基础。战国到汉代则近似罗马帝国，是中国古典文化之后段。中西之间有很多相类之处，比如两者都没有主导性的宗教，因此为神话统领的文化。又因没有强势的宗教统治，均产生了人文的观念、哲学思潮，兼重视艺术。汉帝国把中原文化以武力带到全中国境内，与罗马帝国的情形大同小异。

到今天，我们对汉代的生活与建筑已有相当的了解，这是拜内地考古发掘之赐。我们知道，那时候的中国人以神话为信仰，同时相信死后的世界是神仙世界。在考古发掘中，出现不少伏羲女娲的象征，那是两蛇交缠在一起，蛇身人头，一男一女，手执矩尺与圆规，创造了天地，产生了人类，头上顶着日月。神话是人类想象的产物，因此神话丰富的时代，也是诗意的时代。屈原的《九歌》与《天问》以美丽的文字述说神话故事，把神话提升到文学的境界，与希腊的荷马史诗有异曲同工之妙。《庄子》里的故事，富于诗情，在今天看来是很玄的描述，应该都是当时流行的神话故事。这些神话故事，给予古人一股非常庞大的精神力量，所有的造物，包括一切工艺品与艺术品，都是从神话故事中衍生出来的。

生存在这样一个神话时代的中国人，一切都是神话的道具，包括建筑在内，都反映了神话的含义。这一些，与西洋古典建筑及艺术基本上是神话的具体化，是一样的。所不同的是，中国人不为神建庙，也不为神塑像。中国人比古希腊要人性得多，只是希望生前、死后进入神的世界而已。我个人有一藏品，为汉代的金银错铜片，上面简单地描述了汉朝天门的形象，且有“天门”两字为证，可能是存世的最直接的资料。

如果我们以日常器物来描述中国古典时代的特质，可以说中国古典时代就是代表中国文化特色的铜器、漆器、玉器由发展、兴旺到衰退的时代。

世界的文化史学者，对于中国的古铜器无不赞赏有加。大家都知道古铜器有两个高潮，第一个高潮是殷商，第二个高潮是战国。可是整体说来，铜器的发展是自殷商逐渐衰微的。

殷商的铜器，体形厚重、庞大，造型有立体感，有浮雕的性质，所雕的形象凶猛如鬼神。在那个物质条件甚差的时代，只有在专制

汉代武梁祠石刻拓片，第三层为神话题材伏羲、女娲的故事

帝王的强制下才可能产生那么壮观、伟大的器物。其精神虽比不上埃及，却具体而微，呈现出对死亡及生命消失的恐惧。这是中国历史上仅有的一段纪念性艺术的时期。

到了西周，中国文化趋向于人性化，铜器不论在体形上与雕刻上大为减弱，逐渐转变为礼器。对生命消失的恐惧感消失了，代之而来是其历史记录性。这是一种与死亡无关的纪念物，是人文主义的碑碣；因此在铜器上加文字成为一种制度，它为中国文字的演化提供了丰富的证物。到了春秋时代，青铜就衰微了，纪念性的意义几乎完全消失。

战国时代，中国器物的技艺达到高峰，但灵活化与现世化的力量开始发展。铜器成为生活器物，表达了生活艺术的品位。表面的装饰华丽可观，造型优美，装饰玲珑可爱，开始与漆器、玉器相会合。这种发展一直延续到东汉末期，才逐渐消失，几乎有五百年之久。

中国人发明漆器与玉器，为各文化所独有；因为漆与玉说明了中国文化的人文本质。玉器就不必多说了，自古以来，中国对玉质的描述就是相当于君子的特质。那种半透明的、质坚而韧、温而润的感觉，具有高度的象征性。漆器实与玉同样有温润的特点。日用器物最接近人体，手感最重要，漆器光滑不传热，最能达到目的。照考古发掘的种类看，战国到汉代的有身份的人家，一切日用器物，自饮食器皿、筷子到桌子、几子，皆为漆器。

从考古器物看，古代的漆器是以红、黑二色为主的。为什么红、黑二色？今天很难回答，根据色彩学家的研究，红色是生命之色，也是纪念之色、神圣之色，文明初期以发现红色最具深意。中国墓葬中多以朱色颜料染玉，可知其象征意义。黑色是人类最早发现的颜色，因此红、黑两色最凝重、深古。在战国时代，漆色之运用十分广泛，色样极多，黄色、褐色、绿色均已使用，然而红、黑仍为主调，在精致器物上嵌以金、银片。日本人自汉代学了漆器，一直保存发展至今，仍以平涂的红、黑调漆器为用具，完全承袭了中国的古典传统。唐宋之遗物甚少，但因受金属器影响，螺钿嵌镶的漆器较为流行。至南宋较恢复古典漆器，元明之后又重新发展，然已非古典遗物，是以雕漆为主要产品了。

中国古典时代的主要艺术形式是音乐。这个时期也有了简单的绘画与雕刻，但都不很发达，登大雅之堂的只有音乐。孔子与春秋战国的哲学家们，谈到艺术就是指音乐。古人以礼乐并称，可知是贵族生活的一部分。在礼教的时代，礼是一切行为的规范，像演戏一样；乐，一方面使这些礼仪更加井然有序，同时使礼有舞蹈的节奏感，进而产生美感。乐是和谐的声音，礼是和谐的动作，礼乐合起来，是古典士人的理想生活。音乐在这时代的发展占有重要的地位，所以建筑的空间要为音乐与演奏而设计。音乐不像今天，只是生活的点缀，在当时，音乐就是生活。所以在考古资料中，可以看到先秦的贵族家庭里，钟鼓是必备的设备。人人家里都像今天在孔庙里看到的格局一样，在厅堂里摆满了乐器。

当时的乐器是比较原始的，编钟与编磬可以为代表。古时的钟是我们所熟悉的，上面有柄，下面有二尖角，体上有刻字与乳状的装饰；这是编钟，并不单独存在。这样大一件乐器（有时一件高数尺），只发两个音，今天看来是小题大做。它要奏出有韵律、有抑扬顿挫的音乐，需要大小一系列的钟，少则十几个，多则数十个，像曾侯乙墓中的发掘。而编钟系列的大小、长短，又与身份地位有关。可知编钟并不单纯是乐器，也是一种礼器，是以乐音呈现的礼器。同样的道理，磬也是一系列的发声器；磬原为石制，其声音更加朴拙。我们今天推断，它只能配音，占有那么大的空间，只能发出简单的敲击声，可见其礼仪性超过音乐性。

要知道古典时代是摆架子的时代。封建制度下，有头有脸的都是贵族，因为是贵族，生活建立在劳动大众的身上，才有工夫去摆架子。为了使生活文雅和谐，降低贵族祖先们以流血的方式取得权位时的野蛮做法，才有这些礼仪制度。因此才有结合武功与文治的政治理想。我们推想当时可能有些日本德川幕府初期的味道。

古典时代艺术的精致性与建筑空间的宽广壮丽是一体的两面。我们自发掘物中看到的实物，如战国的古筝与其他乐器，由漆器做成，其精美、细致实非今天所能想象出来的。贵族身上的饰玉，在今天看来，其精致性几乎是很难再现的。到了宋朝，科学家沈括看

战国玉器

汉代漆器

了战国的古玉饰，据以驳斥当时流行的看法，认为古代粗陋、今人细巧是很不正确的。这就因为唐宋以后，中国人不了解古典时代中国的极盛文化，也不了解这个已经逝去的、不为后人所知的时代。

这种贵族文化到了古典时代的后期，也就是秦汉帝国的时代开始没落了。如同希腊文化被罗马帝国所冲淡一样，秦汉帝国也冲淡春秋战国数百年的文化。贵族没落，生活方式开始世俗化，中产阶级商人开始兴起。到了西汉末年，王莽感到离古太远，才想利用帝权来复古。他失败后，东汉时期一路下滑，贵族的影响力一再降低，生活方式都世俗化了。在东汉墓葬中发现的特点，是数量多但品质差、廉价的绿釉器或灰陶器成为陪葬的主流，显示中产阶级大量增加。在画像砖中我们看到地主阶级的生活，礼乐上松懈了，宴客上出现讨人欢心的杂耍与丑角。编钟等贵族乐器消失了，代之而起的是女性的乐队，载歌载舞，一副世纪末的景象。他们仍然席地而坐，然而古典中国已近尾声了。

汉代铜器熊脚

这一时期的建筑虽然没有遗物留下，但间接的资料却极为丰富，尤其是汉代的陪葬器物中的建筑形象。

这是中国本土建筑形成到发展成熟的时期。自商周的遗址看，当时的中国，并没有固定的建筑配置形式，制度上是比较自由的。至今发现的遗迹，自商城到安阳，到东周的建筑群，可以看出一些共同的原则，但在配置上有点古希腊雅典卫城的感觉，是原始又自由的。当时的准则是什么，已经无可考了。我相信当时的大型铜器是放在户外的，主要活动也可能在院落里。

但是可以看出来的共同点，诸如高高的夯土台，以柱列为基础的空间架构，以大型空间象征权位等，已渐明显化了。高大方正、回廊围成院落、主要建筑南向等基本性质已经确定了。同时，可能有离开地面的地板的设备，产生了以坐式为室内生活的主要姿态。

周代以来，礼制慢慢建立，建筑也开始制度化。多进的合院出现，一般民间，高墙围成院落，坐北朝南的开放式厅堂，升堂落座，逐渐成为制度。可是帝王之家，建筑充满想象力，与神仙的信仰相结合，并没有固定的制度；如秦之阿房宫就是很好的例子。在考古发掘中，虽不能完全与文学的描写验证，但其规模是可以推断的。汉代的明器所展现之建筑，尚没有曲线，但亭台楼阁都齐备了。斗拱已有制度，但做法尚无法明白，如一斗五升究竟为何种结构，尚待进一步研究。高层建筑的三段式大体已经定型，离开地面的开放型建筑应是主流。这时候重要建筑的接榫使用青铜件。在今天看来，那时候的宫室有大力士建筑的特色，尺寸大，构件刚固，没有曲线，屋顶用瓦已有仰瓦、桶瓦之分。自今天发现的瓦当尺寸看来，建筑物的规模是很惊人的。到东汉，建筑的规模可能降低到平民的尺度了，然而楼房依然比今天多而普遍。

这时候的建筑，如以动物代表，可称为熊的建筑。建筑的外表有力士或熊撑持上层结构的造型。熊是汉人装饰艺术中常用来承重的动物，是腿、脚的化身，代表力量。事实上，当时的龙也俯卧地下，有承托建筑重量的作用。

中世纪，佛教支配的时代

大家都知道佛教是自东汉时慢慢进入中国的，这是很奇怪的现象，似乎并不完全是胡人入侵时带进来的。一种与中国文化格格不入的宗教，产生于一个遥远的国度，语言与经文极难相通，居然来到已有成熟文化的中国，且为统治者所崇信，确实是很难令人相信的。而古罗马的基督教，是在罗马的领土内产生，借罗马的统治力量传播的。

也许中国本位的以人为中心的文化比较容易顺畅地过日子，比较难处逆境。英雄式膨胀的人格，努力追求神仙的空幻世界，是不容易安身立命的。两晋之后，知识分子要靠隐逸与炼丹之术来寻求生命的意义。对于一般大众，在动乱中求生存，心灵上是毫无依赖的；神仙对他们而言太遥远了。佛教虽然是很玄奥的宗教，但僧侣辗转传来的，只是对来生的期盼。这一招正中当时文化的要害，填满了中国人空虚的心灵。

台湾近年来，佛教有复兴的迹象，可见宗教的需要在富庶的时期，心灵无所安顿的时候，不下于颠沛流离、朝不保夕的时候。也许这是南朝帝王，如梁武帝竟舍帝位出家的原因。这股力量太大了，虽然本位的文化，儒、道的学说仍然存在，道家的理论转为清谈，为知识分子所喜爱，佛教实际上普及而相当于国教。到今天，我们可以看到那么多石窟寺，雕凿出帝王贵族的崇信之念。同时有无数的小型的铸金佛像流传于世，有无数的小型的石刻佛像为收藏家所珍藏。这些东西目前都被视为艺术的珍宝，然而都是六七世纪时诚笃信仰的证物。在石窟寺中，在大大小小的佛像上，刻画了纪念性的文字，述说奉献者的愿望。这些文字是另一种珍宝，留下了有名的“魏碑”字体，为清代大书法家焚香膜拜。自北魏到隋唐，带有外国血统的帝王大力支持佛教是理所当然的，其最高的成就，就是大唐的灿烂文化，直到今天仍为中国人所怀念。

唐代的佛教建筑几乎已经完全消失了；但长安、洛阳的佛寺的规模可以从日本奈良的古寺中体会一些出来。在那个时代，佛寺是文化的核心，可以与宫廷分庭抗礼；这就是三次灭佛的原因。中国知识分子没有忘记孔、孟，仍然要立德、立功、立言，但遇到心灵问题的时候，他们觉得佛寺教育有吸引力。钟声、梵唱有涤除尘虑的作用。

可是中国的读书人一直对佛教的过度发展耿耿于怀。他们一方面反对佛教，同时利用中国传统的力量来改造佛教，使佛教成为中国化的宗教。这个过程，加上三次灭佛的打击力量，使佛教到宋朝影响力就衰退了。南宋之后，佛教已彻底中国化。

这个阶段长达一千年。它一方面经历了佛教的盛衰，同时也是中国本土化蜕变与发展的时期。这时候，封建制度的余绪慢慢被斩绝，贵族世家的影响力缓慢地减弱，帝王的权力逐渐提高。人才的选拔制度逐渐平民化，对孔子的尊崇逐渐提高。这是汉朝以来，文化蜕变的大方向。

同时道家的观念与隐逸的思想合流，使衰微的神仙思想蜕变而为文人的出世观，产生了中国特有的文学与艺术。南北朝是奠基的时代，到唐宋，大文豪代代相承，形成了中国心灵的特色，至今不衰。

六朝的艺术与建筑，在中国的历史上是具有承先启后的作用的。它一方面把中国古典时代的文化慢慢冲淡，接受北方蛮族带来的价值观，一方面把新的价值内化，形成中国后世的文化主流。

其一，是自东晋以来，由隐逸的思想所推演出的士大夫所有的文学与艺术。首要的就是山水诗；完全放弃了《诗经》《楚辞》乃至古乐诗的形式。经魏晋的表达个人感性的作品，产生了陶渊明以后的写景兼言志的田园诗，因而成为中国人内省型的文学典范。

其二，同样的，古典中国的绘画以人物画为主，山水不过是背景而已，这一点与西洋古典文明是一样的。经过魏晋隐逸文学的影响，对山川的描写开始脱离人物背景成为士人述志的工具，形成中国后世主流的艺术形式。

其三，陶瓷器开始成为主要的生活用具。古典中国在生活用器上是以铜器与漆器为主的。魏晋之后，国力日衰，战争频仍，具有贵族色彩的铜器，具有装饰性的漆器，渐为原始青瓷所取代。且逐渐发展出黑、白的器物，开唐宋瓷器之先河。

此时期的建筑同样有承先启后的作用。如同西洋的早期基督教建筑，把古典时期的建筑形式，转化为后世的宗教建筑，六朝的建筑也是如此。这时期完成了中国建筑的几项主要特色。

也许因为经济情况困窘之故吧！六朝正是中国在大型建筑上，将结构规律化、简单化的时代。同时，汉代重要建筑上以雕塑造型负重的装饰也跟着消失。民间建筑也强化了汉代以来的开间制度。中国的木结构正式成型。

在外观上，六朝几百年间，终于自装饰品做成起翘的感觉，发展为结构性的优美曲线，深远的出挑，这是与六朝文化的飘逸精神的发扬完全符合的。色彩因此而简化了。灰色的瓦顶，红色的结构，白色的墙壁与木构填充，形成了中世建筑一千多年的基调。

斗拱系统自一斗三升出发，排除了汉代的多样性，发展出合理而有机的外檐体系。自此开始了中国建筑以一斗三升为基础，后世近千年的斗拱演化史。如同西方中世纪发展出多层建筑的附壁系统一样，越到后期，越为纤细繁复。

然而在那一阶段，艺术形式以雕刻为主流。我们知道佛教是带了雕塑艺术进来的，在此之前，中国人只有俑的观念，没有像的观念。中国正统文化是平面的，如今接受并发展了立体的艺术。在今天看来，吸收外来的文化变成本土的艺术，经历数百年才会成熟。照艺术史上的发展，雕刻到北齐面容才中国化、生动化，到唐朝而

日本奈良法隆寺

大盛。唐朝的雕塑艺术是不输西方人的，可惜后代的中国人太不在乎了。各位知道，佛教到宋代即衰微，但仍然留下不少的雕刻，辽金仍然是一股宗教力量，但宋本土文化已经平面化了。这时候的佛像恢复了平面性，增加了安详的感觉，宗教的意味也降低了。

实际上，自东汉以来，中国的陪葬俑就大有创意，可惜它们不是生活中的一部分，把创意埋葬了。这种情形持续到明代，但以唐代的三彩或陶胎加彩俑最为可观，这些不见天日的雕刻实在太生动了。唐代的陶马在写实艺术的价值上超过当时的绘画。这样伟大的成就居然没有站上当时知识分子的书案，是中国文化的大遗憾。这些成就竟被埋葬上千年，等外国人来发掘。

在生活工艺方面，古代的漆器、玉器的地位显著地降低，为金属器所取代。这段时期，纪念性的铜器完全消失了，但自外国传来的金属器皿则大为盛行。唐代的贵族使用的金银器，不论在制作技术上、在美观上，都是最高级的艺术，为收藏家争相搜购。这时候的生活用

隋代佛五尊像

陶器，在造型上是模仿铜器的。这种现象直到北宋都是如此。到南宋，瓷器才逐渐代替了金属器。

大唐盛世的外国味太重了。外国人的骆驼与贸易商充斥长安，使当时的生活文化大受影响。金属作为饮食用具实在不宜，缺乏温润感。可是漆器、玉器对于唐代的贵族而言太过平和，缺乏金银的光彩、富丽的气氛，所以即使用漆器，也要加以镶嵌。

唐代的文化个性最恰当的表现就是三彩陶器。流行的风格是完全开放的，自由奔放的，不但华丽、美观，而且丰满充实，是健康的有信心的文化的象征。即使是民间的日用器，北方的黑陶，有潇洒的灰白色斑，也代表了豪放的民风。这如同李白诗歌中的长江万里的胸怀，为后世追忆怀念不已。

到了宋朝，中国潜在的文化力量，因佛教力量的衰微而重新抬头。北宋是转变期，一切仍然沿袭唐制，但宋代帝王开始从古籍中找回古典文化。他们编了官书，重建三代宫廷制度、古代仪典，但是事隔千年，古书语焉不详，要恢复传统是很困难的，不免错误百出，犯了以今释古的毛病。像有名的“三礼图”就是一个很好的例子。北宋努力了一百多年，直到末年才逐渐脱离唐代的阴影，建立自己的内省的文化。他们诠释的古器物几乎全是错的，但是所新创的瓷器，汝、官、钧、定，确实是中国精神的再现。它与漆器、玉器的形式有异，在精神上是一脉相承的。这是最成功的传统承续，值得我们再三研究。

一个汝窑的碗为什么使我们感动？因为它的质地温润如玉，成色也近玉。古玉的颜色极少纯白，多是青灰色，即今人所说的Celadon。这个词恰恰就是西方人对青瓷的称呼。宋人的官窑，以青

（左图）唐代三彩骆驼 （右图）宋代龙泉官窑直颈瓶

灰为上，近绿为次，事实上与对玉的评价是相通的；而瓷的表面不求光泽，要温润。宋代瓷器中有很多良质的青白瓷产于景德镇，质白壁薄、半透明、上有浮雕，但不为国人所喜，国人宁喜质地较粗不透明的青瓷，釉面多气泡，而散去光泽，平易近人。自此后，瓷器成为主要的工艺形式。

这时候，主要艺术的形式转到绘画。绘画自古就有了，但以壁画为主，内容为人物或故事。山水画产生于六朝，其成熟则为宋代，虽然有人以唐代为高点，但无物可征。北宋可能是山水画的形成期，南宋是转化期。在宋代，绘画的各种形式都已完成，但尚只限于宫廷之内，民间的活动甚少。画幅大，功夫细，少签名，是其特色。南宋渐普及，画幅有减小的趋向。这时中国的贵族文化终于接近尾声，通俗文化于焉形成。宋之南迁可能是最后一次把地方家族的势力彻底毁灭。自此之后，封建色彩完全没有了，要做官可经过考试取得。不分阶级、不辨身份的大一统文化就要开始了。

我国中世的文化，自六朝发轫，至唐而大盛，到宋已成强弩之末。精致而高雅的气质，敌不住北方的强敌，终于使恢复了中国文化传统的宋王朝因而倾覆。

近世的中国文化，其动力是北方民族，也一直以北疆为政治之重心。这些民族，尤其是辽金两代，几百年来与中国冲突或共处，吸收了很多汉族的文化。在中原强盛的时代，他们接受汉化，保存了北方原野民族的强悍的生活方式；所以他们事实上是仰慕中国文化的。一旦有机会统治了中国，他们很快就把自己的简单的文化基础融合在中国文化之中，并接受中国文人的辅弼。

这些豪迈、粗犷的域外民族，带来的文化虽然简单，却强而有力。首先，他们渐把单色的优雅的宋文化，改变为具有装饰性的、彩色的文化。辽、金、元可以说是近世文化的发轫期。

域外民族一直是喜欢彩色的，何况他们一直是西域文化的传递者，也是唐文化的保存者。金代所发展的彩色陶瓷，可以说是自民间的俗文化中再生出来的彩色器物，描述了民间的故事与信仰，有浓厚的民俗味，这成为后世文化重要的传统。可是元人是一度掌握欧亚大陆的民族，他们的气魄就不会完全屈服于汉文化之下，而是以大漠带来的文化为主体，这时候中亚的技术与价值观也带进来了。回教的蓝色装饰技术与在地面放置食器并以手进食的习惯，改变了中国瓷器的面目，其结果就是大型的青花瓷器的产生，同样地支配了中国器物的面貌数百年。

真正的通俗文化是自北方开始的，因为北方没有王朝所不得不尊重的传统制度。金代磁州窑的瓷器，其彩瓷的装饰，已经是后世风格的基础了。到元代的青花瓷才真正发展为上下一致的全

宋代范宽《溪山行旅图》

元代青花釉里红镂雕盖罐

国性工艺文化。

一般说来，贵族时代，事有专精，工人多为世袭，技艺多甚精湛。帝国建立，专精之工艺集于帝王之家，出现王家与民间之差距，而民间工艺则走向商业化、通俗化，传承的精神就消失了。后世的单色瓷器不及有花的瓷器值钱就是这个道理。

中世阶段的建筑就是我们所认识的建筑了。一方面日本留下一些同时代的复制品供我们参考，另一方面我们也有些资料可以查究，虽没有多少真正的建筑留下来，却已有了明确的概念。

整个说来，这个时期的建筑，宫殿与庙宇，规模都是宏大的。但因佛像成为殿堂中的主角，建筑空间就单纯化了，正殿的纪念性强化了。建筑的结构，在斗拱体系上，似乎也系统化了。承接了六朝时期开拓的新方向，唐代的建筑发展出成熟的结构体系，斗拱因殿堂的规模加大而复杂化，逐渐形成一种构造性装饰。椽承重系统已经完全发展为檩承重系统，因此斗拱也立体化了。

日本京都附近的凤凰堂是唐代佛殿的缩影

建筑的造型也出现了明显的曲线，结构系统的成熟使唐代的工匠掌握了曲线与深远出挑的技术。屋顶正脊的曲线是比较容易的，但翼角就比较困难了。曲线加上翼角起翘，就是唐代以前的中国人所追求却未曾达到的，使古典时代发展成熟的中国人的轻灵飘逸的美感，具体化在屋顶出檐的曲线上，奠立了一千多年的特色。因此我常称六朝唐宋的建筑为凤的建筑。

熊的感觉是负重的感觉，凤则是飞扬与失重的感觉。在汉代，建筑的轻灵感是大出檐与脊檐的收头，凤是正脊上的装饰。到了中世纪的唐宋，整个屋顶都成为一只大翅膀了；因此这时期的建筑是以屋顶为主体的。宋人的画里表现了各式各样组合的屋顶，为求呈现其飘逸的感觉，总是夸张地画出檐下的椽条。敦煌壁画中呈现的建筑也是一样。

不但建筑的本体是飞扬的，予人以乘风飞去的感觉，唐代的殿堂组合，喜欢一殿两阁的格局，殿、阁、间以曲廊相连。阁通常在殿之两翼，而居于高耸之台，使起翘之屋顶特别有翅膀的感觉。曲廊随着台基的高低起伏，形成明显的波线，愈增飞跃的动感。唐代的建筑留下的单栋佛殿尚可看到，可是整体的格局只好参考敦煌壁画中的建筑景观了。具体而微者，可见于日本京都附近的凤凰堂。

唐代的建筑风貌到北宋就开始收敛了，在建筑的规模与出挑上都减缩了，这是国力趋弱的象征，也是心灵趋向内省的结果。制度化、象征化反而较受重视了。在外观上，辽宋建筑都开始平直化，首先自正脊的改曲为直开始。鸱尾自唐代的牛角式的起翘，改变为S形收尾，振翅欲飞的感觉逐渐消失了。

近世期，俗世文化支配的时代

金、元是我国近世文化的开端，也是上承中世文化的转折点。他们的统治者虽然吸收了中原文化，但也在压制中原文化，尤其是中国的士大夫阶级，受到的精神压力特别大，形成近世中国文化的特色。

金、元的外族统治阶级，因无文化背景，在物质文化上就倾向于通俗。中国的瓷器到元代发展为青花与釉里红，放弃了以青瓷为主的淡雅与高贵，把中国瓷器推进到表面装饰的时代。元代的装饰承金代彩色磁州窑之后，把锦绣的花纹用在瓷器装饰上。到明代，瓷器自青花重新出发，明早期是青花时代，明中期开始发展出斗彩，就是青花加色的设计，尚称雅致，晚期嘉靖、万历则发展为非常具装饰性的五彩。十六七世纪的中国，一种重外观不重品质的平民文化已经形成，而且可以影响到朝廷。中国文化的通俗化与民间化可说是普遍而彻底的，此可能导致明代的沦亡。

清代是另一个外族王朝。他们没有自己的文化，而承继了明朝的俗文化。但是一个新兴民族的认真的性格，使清廷以严谨的态度接受了明代的汉文化，因此产生了如同康、雍的彩瓷那样既精致又通俗的产品，甚至超过了欧洲的洛可可（rococo）风格。

可是真正的文化背景，是南宋以来，南方所发展出的初期商业文化。也许是因为时势所迫，南宋以来，工商业与贸易就受到重视。东南沿海的瓷器大量外销，泉州外商云集的情形可为一证。

就全国来说，瓷器开始集中在景德镇。这是因为景德镇的瓷土优良非他地可及之故，显示生产之品质与效率成为重要的考虑因素。自此而后，地方性生产式微，北宋时遍及各地的著名窑厂就逐渐消失。

江南地区因农业发达而产生制造业，成为全国的经济重心。到了明代，就产生了商民的中产阶级所主导的文化，也就是财富代替了家世与功名，成为最重要的争取目标。开始了以财富买官，商人

清代《清明上河图》

结交权贵的现象。社会商业化，就是俗文化的发展良机。

所谓俗文化，就是以流行于民间未受教育的阶层的品位为基础的文化。在精神上，倾向于迷信与俚俗的信仰与传统，喜欢华丽与热闹。这是与北宋的冷静、安详的艺术观完全不同的。这种文化的力量非常大，在不久后就贯穿上层阶级，直上皇室，形成上下一体的、以民间趣味为基础的新文化风貌。

如果为金元以后找一个主要的艺术形式，那么该是文人画，主要的工艺形式则是瓷器。这都是自南宋就开始发展，到元代才正式成型的。文人画与瓷器代表了近世中国人的双面性格，前者是出世的、隐逸的，后者是入世的、通俗的，这种文化性格反映在宗教观念的混乱上。近世的中国是儒、道、佛混为一体的宗教文化，当他提笔作画时，是道家的信徒；当他欣赏彩瓷时，是儒家的信徒；当他静坐时，是佛家的信徒。今天我们所熟悉的中国人的性格此时才完全成熟。

这时的建筑为何？在基本性格上，这时的建筑是承袭上代的，

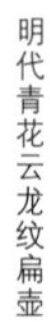

明代青花云龙纹扁壶

清代黄地花卉纹盘

但文化性格转变了。唐代那种飞跃的屋顶，经过宋代的制度化与金、元的修正，到明代，翅膀就收敛了。这时候建筑的主要造型因素是墙壁，装饰的主要因素是屋脊。

宋代以前，民间建筑大多是木架上顶着一个歇山屋顶，此时却改为山墙上顶着硬山屋顶。建筑环境的气氛只要比较宋代张择端的《清明上河图》与清代宫廷的《清明上河图》就一目了然了。开放的中国建筑终于加了一个硬壳，我们成为造墙的民族了。

这时候，龙成为最受欢迎的装饰母题。龙虽为远古中国的造物，战国两汉时又极受欢迎，但却一直是神话中的动物，没有出现在现世生活中。龙是地下的动物，它代表一种潜在的力量，在装饰中出现，要迟至宋代，到元代才大盛。到明，龙就十分普遍，中国人居然被称为龙族了。建筑的正脊，在唐宋为鸱尾，金元以降，则成为龙吻。明清宫式建筑多的是龙纹，即使长江流域的民间建筑，正脊也以龙为饰，有时正脊就是龙的化身。所以明清建筑可以称为龙的建筑。

紫禁城太和殿正吻

江南庭院

从地域上看，中国文化的重心自北方向南移。自广大的、干燥的黄河流域移到山明水秀的长江流域；宏大的气魄为纤巧的心思所取代了。建筑的规模在缩小，中小型的建筑是新兴的中产阶级的建筑，他们完全取代了世族大家，成为社会的中坚。商人与士人逐渐混为一体。到了后期，商人可以买官，地位逐渐在念书人之上。江南景色，小桥流水，白壁青瓦，前庭后院，是近世中国的环境特色。文人画的情操呈现在士人的小院子里，为中国人的心灵天地。这样的中国情趣是汉、唐的中国所无法想象的。

总的说来，中国建筑文化的发展，有些特色如隐逸的理念与飘逸的形式，是自古代以至近世不曾改变过的。衣带飘扬之美在古代为舞姬，在中古为飞天，在近世为菩萨。这是表层上的水平线，但其他特色历代均有改变，其演变的方式有下降的直线，有上升的直线，也有升降、降升的曲线。

比如代表中国造型趣味最浓厚的漆器与玉器，就是古典中国盛行，中世纪为低潮，元明清以不同方式复兴的例子。而石刻与金银器为外来文化，汉代以前并不兴盛，至唐为极盛，元之后又归于低潮。这些例子是以时代的代表性而言的，并没有灭绝的情形。

有些形式反映中国贵族与世家势力的逐渐瓦解，因此产生一代不如一代的感觉。如人物画，古代是庙堂艺术，所以是高贵的，后世是民俗艺术，就有没落之感了。反过来说，以通俗性、雅俗共赏的观点来看，也许古不如今，是自古至今，愈到后代愈为发达的。帝王权力的高张，即使在专制时代，也要诉诸民间支持，以抵抗统治阶层的可能挑战。所以帝王或许是发自内心的，或者是勉强自己“与民同乐”，把价值观与民间放在同一层次。后期中国的民间大多盲目支持帝王，与价值观的一致化是相关的。帝王宫殿的外观与装饰必然对民间有传达讯息的作用。

总之，中国的建筑文化虽一脉相承，因朝代之改变而有起伏，但仍可因文化之大势分为三个阶段。在每一阶段中都有其不相同的文化力量，产生不同的建筑景观；在每一阶段也都有兴起、壮大到衰落的现象。以中世纪为例，起于北朝，但北朝中仍有北魏之高峰，盛于隋唐，但隋唐仍以唐盛期为高峰，北宋末到南宋为衰落期。这个时期以斗拱为木架构的精神所在。辽金元则为近世建筑之发源期，盛于明代，衰于清代，而各代均自有其高峰期，这个时期的斗拱恢复了纯装饰的地位，建筑则已彩色化。三个时代虽属于同类木架构，在本质上却是三种不同的建筑。

第三讲

中国人的空间观

一般说来，喜欢采用“空间观念”一词的理论家，多半相信一件事情，就是每一个民族大都有一种对空间的独特看法，这是文化的产物，是一个民族的文化长期累积下来的产物。有时候这个看法会受时代的影响而有所改变。因此空间的观念是民族性的，不同的民族有不同的空间观念；同时它也是时代性的，不同的时代有不同的空间观念。所以在现代建筑开始闹革命的时候，有现代建筑的空间观念之产生。我们中国人的空间观念，当然是从中国民族谈起。中国人本身作为一个文化的群体，他对于空间具有怎样的观念，这是我尝试了解中国传统建筑的一个角度。今天我要跟各位谈的，大多是我个人的一些看法。

空间观念的内容包含得很广，在我看来，其中至少有两个主要的内容。一个就是一个民族长期发展起来的一种思想的、抽象的价值观念所形成的独特看法；另外一个就是这个民族独特的人与自然的关系。此二者并非一定相关，可以把它们分开来谈，如果时间够

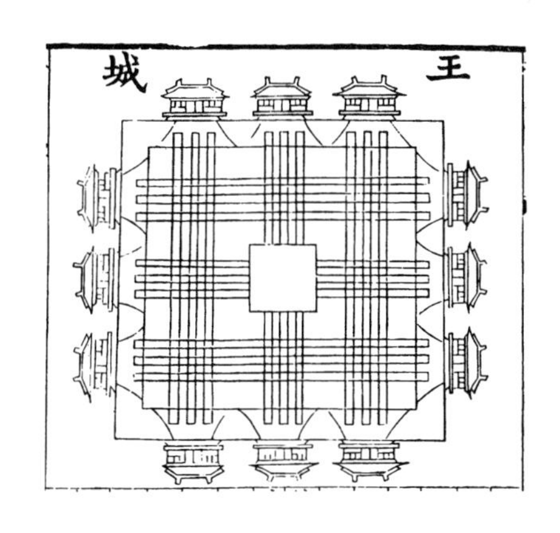

《三礼图》中关于「王城」的插图

的话，我两个都谈，如果时间不够，我就只讲前面一个。

首先谈到，中国人脑筋里长期形成的一种空间模式。在第一讲中，我谈到中国文化的特质。我们中国的文化中，有一个相当重要的特质是“生命的特质”。我曾说中国人的人生观很单纯，中国的文化也是非常单纯而率真的文化，就好像我们的文字，是最容易了解的文字，都是由简单的图画演变来的。中国整个文化没有很强的革命性，而是演变出来的，这个具有单纯生命观的文化，反映在很多方面。在生活上面，就是非常简单（simplicity），思想也非常简单，这个可以说和现代建筑中密斯·凡·德·罗（Mies van der Rohe）的观念相当符合。我们知道密斯的作品在现代建筑革命中，就是一个简单的六面体。在那一段时间，很多中国的现代建筑师非常喜欢密斯，贝聿铭如此，王大闳也是如此，其中原因在于中国文化的传统有一种要求简单的本质。我们的思想非常单纯，有人以为我这样说是轻视中国文化，其实不是的。“简单”的意思是说我们的生活观

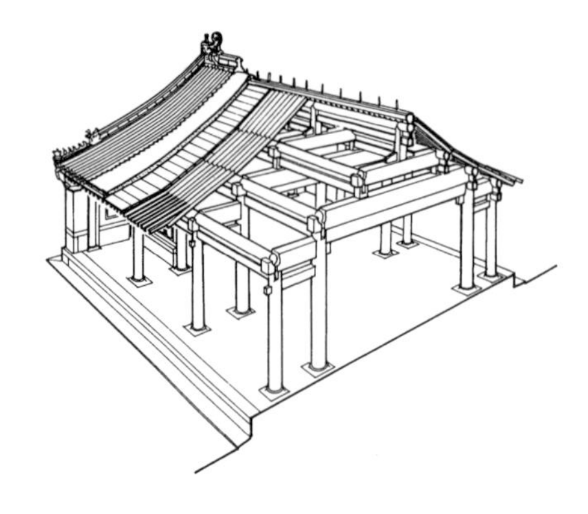
中国古代柱梁式木构架示意图

念、思想方式都是直来直往的。

我们基本上不是重视科学的民族，因为科学需要具有复杂分析能力的文化来产生。中国人最不喜欢复杂的东西，不喜欢规划；规划不是中国人的观念，我们的规划是从外国学来的。为什么到国外学都市计划的先生们回到国内来，总感觉很难把学到的东西用出来，就是因为我们整个社会没有规划的观念。把规划等同开路，台湾的规划，只是在这块土地上画几条道路，跟西方都市计划所考虑的复杂性（complexity）简直差太远了。任何事说得稍微繁一点，大家就没有耐性听下去；繁者烦也。不但如此，我发现我演讲也是这样。我演讲的时候如果要大家睡觉，非常简单，我只要把我讲的东西，很有系统地一条一条分析得很清楚地那样说出来，听众八成会睡觉。如果讲一个非常简单的观念给你听，你才会说：哦！原来是这样子，因此而感兴趣，这是我们民族文化的特色。我们的都市计划自古就是画条道路，计划的观念虽有，可是，从前的观念只是画些横直相交的道路而已。

单纯的文化

我想在座几位教授都曾做过很多规划案，可是相信没有一个实现。因为我们推理推了一大堆，推到最后画出非常复杂的图样，到最后都被认为是莫名其妙，无法了解，更不用说实现了。自古以来，我们都是期望简单，不喜欢复杂。简单并不是坏，简单切近生活；繁复并不一定好。美国人凡事复杂，我很同情他们。我很担心我们中国人正一步一步走上美国人的老路。做任何一件事情，先要打电话问问律师。今后我要做任何事情，得先加以策划，因为每一样东西都和法律有关。美国人大部分的钱，都被律师拿去了，因为你每走一步，就牵涉到很多复杂的问题。反过来说，中国文化实在是非常高级的文化，是一个懂得如何生活的文化，只有现实生活单纯化才有精神生活的空间。很不幸，在西方的文明冲击之后，竟被视为一个低级的文化。我们想要学步西洋也非常困难，因为民族性不合，推行很困难，这是中西文化交流的一个问题所在。

今天，我跟各位讲，中国人的空间观念是简单的，中国文化是以人为中心的文化，这方面的例子非常多。我们的任何东西，都是以人为中心设想出来的，因为从古以来中国人就不信神，没有宗教信仰，很多事物都很落实。我们以人为本，视人为性灵的整体，不像西方人，把人当机器一样地研究、分析。我们反而以五行、八卦这样非常简单、抽象的观念来看人。看人的脸从阴阳五行来看；看人的身体，也是一样。中医的理论系统很简单，我们现代人常认为它是迷信，有时候治不好病，但有时候也能治好病。中国人的观念把人视为一个概念上的人的形象，而不是一个可做科学分析的人。

我们很不喜欢科学分析，分析出来的结果缺乏人性，到今天还是如此。并不因为我们各方面进步到一个程度，就可以接受繁复的观念了，大部分的中国人还是不能接受。

棒棒文化

大家知道，中国人的空间观念是从人体开始的。我现在先讲两件事情。第一：手指，手指是非常人性的东西。原始人不懂怎么算数，最早就是拿手指算。一、二、三、四、五，五个指头；一手不够，算两手；手指不够，算脚趾头；算完了手指、脚趾，就不知道怎么办了。这是原始人最早的算法。上次我跟各位讲过，中国的文化是经过包装的原始文化，这是什么意思？我们常说，你逃不出我的手掌心，这就是把整个宇宙看作一只手。中国古代的神话，正是把宇宙当作一只手，几个指头撑着天。为什么水会从西北向东南流呢？因为西北那个方向的指头长一点，东南方向的指头短一点。中国人把一只手看成空间的基本架构。

指头在我们眼前，是我们最熟悉、最人性的身体的一部分。其他古老文明的国家，从原始图画中跳脱出来以后，就放弃指头，他们以很复杂的图画来代替指头算数。可是中国人没放弃，因为我们不会放弃，反而把数指头的技术进一步地发展。西方人算数，用12345阿拉伯数字。中国人基本上认为，一就是一根指头｜，二就是两根指头｜｜，三就是三根指头｜｜｜，这跟小孩子一样。你问四该怎么办？事实上，古人的四的写法就是四根指头｜｜｜｜，同理五就是｜｜｜｜｜，计算时可以棒棒代替指头，可以直写，也可以

唐代佛光寺大殿梁架结构示意图

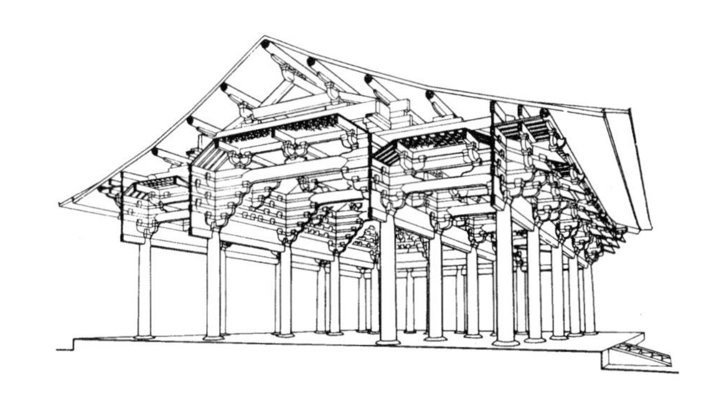

横过来写。但是再多了以后，六怎么办？六为什么要写成丄，一直一横这个样子呢？因为其中的一根代表整只手的指头，同理，七是一直二横或一横二直。西洋人也许用指头嫌乱了，干脆换用个符号，我们却不换，我们不会抽象。

中国的东西都非常简单，用不着学。太复杂的，太麻烦了，并不合中国人性格。任何事情都是从一开始，不发明其他东西，凡事以手指来代表，手指可以把所有东西包容在内。我觉得中国人是一个手指的或者说是一个棒棒文化。我们发明用筷子吃饭，筷子的文化是中国的重要特质。原始人吃东西用手，外国人吃东西用刀叉，但我们却用筷子。筷子，原来是一种蛮原始的观念，其实这基本上都是由单一直线发展出来的，其他很多东西也是如此想象出来。我们很喜欢筷子，筷子是我们手指的延伸；因为我们生活里手拿筷子的时候最多，其次就是拿笔杆。拿筷子可以吃东西，我们这个以食为天的民族，不用手指头去碰食物，却用筷子，因为筷子是比较文

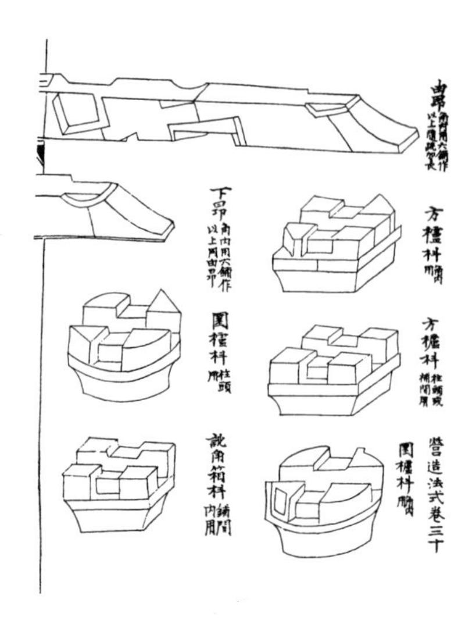

斗拱结构图

明的手指，每家都有一大堆筷子。我们常常请人到家吃饭，假如你客气，我就会说，没什么关系，加一双筷子嘛！只要有筷子，天大的问题都可以解决。筷子不仅是古人日常生活很重要的东西，而且也与思想有关。古人有一句话“借箸代筹”，箸就是筷子。为人筹谋事情，也要手里拿一支筷子，这时候筷子就是一支笔了。汉朝的时候，有一种游戏称为六博，我不知道怎么玩法，汉朝的古物当中有两人对弈，台上摆了不少小棒棒。那时候古人没有象棋、围棋，他们玩那种自筷子发展出来的东西。在古代，唐宋以前，中国人是离不开棒棒的。唐宋的官员在身上挂着一鱼袋，有金质、银质之别，中国的封号，有所谓金袋或银袋这种东西，这个袋是什么意思？袋里装什么呢？一大堆棒棒在里面。这些棒棒是用来筹算、计算数字的，相当于后来的算盘。准许挂金袋或银袋的是阶级不同的很重要的官员，要皇帝特许的。每个袋子很重，里面还有取火的用具。

刚才很粗略地跟各位说了一下，中国文化的特色之一简单、直接反映在手指的运用上。怎么反映到建筑上面呢？我的感觉是，中国棒棒的文化，正决定了我们中国人在建筑上最早的结构系统。大家都知道，中国建筑结构系统是柱梁。当然，很多人认为柱梁没有什么特别，许多文明的建筑都是柱梁结构，比如说，希腊式的建筑就是柱梁结构。可是中国建筑不采用石头，我们的建筑是用木造的。世界上很多文化发展出木造建筑，这与自然环境有关系。森林多的地方，房子都是用木造的。可是中国建筑的柱梁结构系统，是其他木造建筑文化中看不到的。像北欧也采用木材，可是他们用木头，柱梁只是间杂着使用，作为补材，并不成系统。今天我们看柱梁好像是木构造所必要的，其实并不是如此。实际上木构造系统在结构上比较容易用小的木头叠成承重壁。各位知道，美国人在垦荒时期做的木造建筑就是叠木为墙，到墙角把木头交叉起来，与日本的正仓院相似，这是最自然的木造结构。像我们立几根大柱子，上面架梁，可以说是自己找麻烦。世界上没有其他民族认真地发展这种麻烦的系统，虽然偶尔他们会用木柱，但是很少能弄出一个系统，这个系统是用柱以及有一定比例的梁搭起来的。这样增加了许多构造上的困难，可是我们中国从古以来就没有第二种想法。这是因为，我们非常相信单一线条所组合起来的结构。我知道从文化的角度来解释这种现象，很难说服大家，然而除此之外，没有任何单一原因可以确证其来源。

我们采用这样的架构，自然需要克服很多困难，所以产生中国建筑后来很复杂的斗拱结构。因为采用直线架构的观念，所以不会造成欧美木材砌墙的多种做法。而这种木造的柱梁系统，很显然地创造了中国的基本空间单元，这一点非常重要。各位知道，西方的希腊建筑是石柱与石梁，可是那是骗人的。为什么？柱与梁对他们而言只是象征性的，外表有，可是实际上里面不是。只有中国人很认真地、彻底地使用这种系统。我们建筑的大典是“上梁”，宋代还留下著名的上梁文。这确实是自古以来中国人非常执着的一种想法，有了梁才产生中国的基本建筑空间与流通性的空间观念。因为这种流通性的观念，柱梁架好以后，各种空间里面对外面的关系，或部分与部分的关系，很自然地产生。

其实日本建筑跟我们很近似，也是木造的，可是空间观念很不同。这一点不能看庙宇，因为庙宇是受中国影响。中日空间观念的差别，看两国的住宅就知道了。日本的住宅是先有房间后有结构的，是空间决定了结构，而中国则是柱梁结构产生了建筑空间。因此日本住宅近似西方住宅的复杂性，中国建筑基本上是一个棚子。由于用几根柱子撑起来，形成间架，加上一个屋顶以后，这底下就很像一个棚子，筑基砌墙也很方便。这在空间上是一个很显著的特色，其他文化中是没有的。其他的国家，当他们懂得建筑一个亭子的时候，已相当晚期了。文艺复兴的时候才开始有游乐性的建筑出现。

轴线也是一个棒棒

更要紧的是自线条转换的观念。这个棒子的形象，成为空间观念的时候，出现一种特有的主轴观。世界上没有一个文化像中国一样，配置（layout）上强调主轴。中国人这条线状的主轴有时是很可怕的，它被认为愈长愈好。什么叫作都市计划呢？中国古代的都市计划就是决定这一条线的位置，画完了计划就大体完成了。这条线画在哪里，画多长，就是都市计划，真的很简单。你看北京城的布局，就是如此。当然你可以说它是有城墙包闭的，但是这条中轴最重要。在重要的城市里，可能有几条次要的中轴线。决定了轴线，其他部分，唐代的格子也罢，宋代以后的巷弄也罢，也都是些小的线条，就自然就绪。这些线，有时候并不一定要有关系，线长一点或短一点，看它的重要性。某些建筑在城市中的重要性愈高，它所支配的那条线愈长。定一条线，就是定一条主轴线，各种空间可以说就依附在这一条线上。那么从现代建筑功能主义的观点来看，中国建筑配置的这条线，实在没有功能的意义，只是要定位。不要说皇宫，一般的住宅——合院也是这样，一层，后面又一层地盖房子，这里头并没有特别的功能关系。当然有一个中心，看哪一个房子最重要，就是中心建筑。但是这条线可以无限地延长下去。古人定这条线的位置是很慎重的，从民宅到城市，到纪念建筑无不如此，这是我们的计划观。

在这条线上的建筑物之间有没有功能关系呢？除了部分的关系外，是没有具体功能关系的。台湾有些主轴上的房子后面开门，但如果你到内地看，主轴上的大厅堂不见得开后门，你从前面进去以后，并不能从房子的后面出去，这条线并不是动线。各位知道，当你了解了这种空间观念，你就会了解良渚文化中所产生的琮的造型。琮的造型非常奇怪，它是一个外方内圆形。可以是一层，同样的东西可以有两层；甚至有十三层，一直叠上去，好像有个基本单位，可以一再重叠、拉长，与我们中国建筑一样。愈高级的，层数愈多。四五千年前，我们制造玉琮，为了崇拜，空间观念反应在这种线形的崇高性上面。把这个线条愈拉长，愈像个棒棒，好像愈高级。很妙的是，今天称建筑进深的单位为进，古人称之为层。

当然这里面还有一个重要的外在因素——对称。在中国人的基

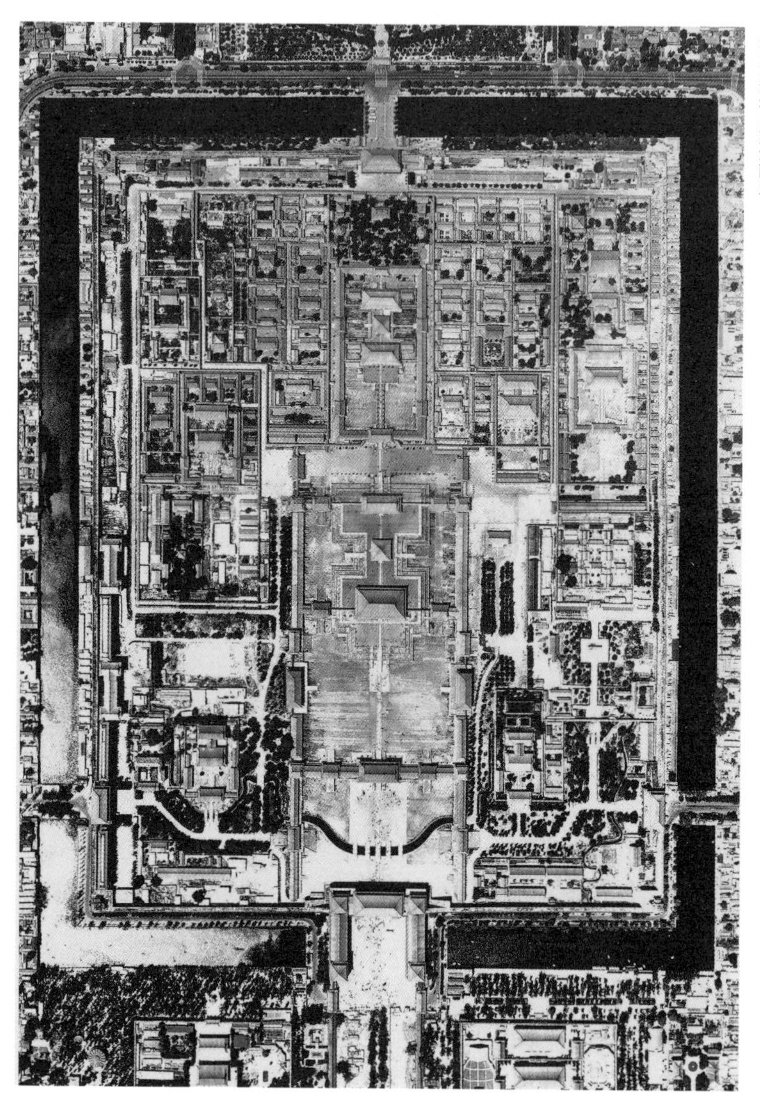

北京紫禁城的建筑配置

良渚文化玉琮

本观念里，对称这个观念，反映了对人体形态的看法。因为我们把世界上的一切，返回到人体去解释，这是中国文化里的重要观念。由于人体是对称的，以人为本的建筑总是对称的。西方有这种观念，是从文艺复兴开始，在以前，并没有对称的建筑。虽然希腊罗马的建筑好像是对称的，实际上并不对称。比如帕特农（Pathenon）神庙，在图面上看上去是对称的，正面对称没有错，可是它没有一条中线。这个对称观念跟中轴，刚才我讲的棒棒的观念，两件事情一定要连起来才行，如果没有并列起来，就是不对称。为什么我说希腊建筑没有对称的观念呢？因为对称是以人立的位置做标准的。没有中轴的观念，人无法感受到它的对称之美。希腊神庙看上去是长方形，长方形看上去绝对两边对称，但实质对称，不表示反映了对称的观念。有些罗马的房子有一轴线，所以说罗马建筑比起希腊的建筑来，更接近人文建筑。罗马、希腊的建筑，到了文艺复兴以后，才真正有对称观念。当然希腊的对称现象，从古典希腊发展到后期

希腊雅典帕特农神庙

希腊，就有这种东西，但是要到文艺复兴的时候，才把这两个结合成一个观念，所以才被称为人文主义的建筑。这种对称在中国建筑中，一开始就掌握住了。我一再强调，“对称”和“中轴线”实际上是一件事情，当你去掉中轴线时，对称就没有意义。这个中轴线加对称才是人体，双轴线的话，就不是一个棒棒了。

我给各位看两套玉器，说明我们中国人主轴跟对称性的观念。这件是战国比较早期的玉器，我拿它来说明主轴的观念。因为它的组织观念仍然是一个棒棒，这整个是一套玉佩。自周初以来，中国人就习惯联结各种玉饰，系成整套玉佩。这个时候，一个人身上挂了全套的东西，并不是挂着好玩的，可能是地位的象征。今天我们常见的珩、璜、系璧以及小雕片都是玉佩里的东西。这些玉佩的组件可多可少，可长可短。有钱人，挂得长，没钱人，挂得短，一般人也许挂一个圈就算了。有趣的是，虽然每一个时代都有一些形式特色，但佩里悬挂些什么却没有一定的样式。基本上这些都是一条

（左图）玉佩　（右图）北京天坛

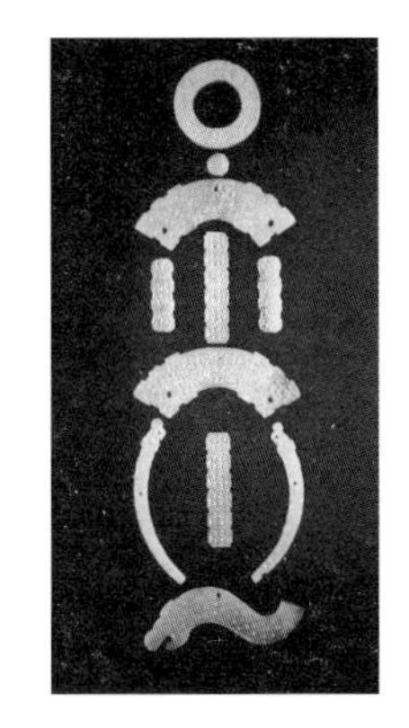

线串联下来的。最后的一片通常是最大的，玉器所表达的中国人所特有的空间观念，与后来中国建筑的配置是一致的。

接下来我再以天坛的配置给各位看，比较一下玉佩的观念。实际上，天坛只是个台子而已，由三个系统所构成，一个是祈年殿，一个是皇穹宇，一个是圜丘。从典礼的观点来看，三个系统各有一套仪式，连成一线，但不一定是必要的。轴线非常长，从头走到尾，有几公里，每一部分就像一个单独的构件，各有其相配的零件，其实是互不相干的。圜丘是一套，外方内圆，层层石阶，它自己有双重门，双轴线，是完全独立的。站在圜丘上，可以看到后面的皇穹宇与祈年殿，但下了圜丘，向前进时，你所看到的是一组大门。皇穹宇是另一段构件，外呈圆形，自有门禁，并不能自由穿过，因为它只有前门，没有后门。皇穹宇的建筑简单大方，有古典美，它有独立性格，并不是祈年殿的前殿。拜访过皇穹宇，要到祈年殿，是要绕过去的，两者之间有相当长的一条直路。要进祈年殿，又是一套关卡。

是什么缘故把这三个不同的东西放在一条线上的呢？只能说，这是中国人特有的空间观，一条无形的线系着三个独立体。

一个人实际上也是个棒棒，你看我们发掘出来的汉朝坟墓的陪葬品，汉俑的特征是什么？它的造型是个棒棒。在脖子的位置刻两圈，然后在手脚的位置刻两下子人形就出来了。汉朝人的陪葬品以造型简单为特色。有些坟墓出现非常罕见的大型塑像；当它制作的时候，也从棒棒开始。古代中国人看立体是从一个圆柱体开始。先把它变成几个面，四个面凑起来就产生出立体的感觉。这也是为什么中国的文化里，没有产生雕塑艺术，也就是为什么古希腊建筑一开始就附带非常好的雕塑的原因。因为他们有一个三度空间的文化，他们一开始就构想三度空间。我们到今天，雕塑家才学着以三向度构思立体空间。因为中国人的脑筋不习惯做整体的构想，谈到更高向度的空间，那更困难。我们不必说这是幼稚，这只是一个文化特质而已。过去的看法，认为中国没雕塑，等内地一发现秦代的兵马俑，有人就说我们中国人怎么不懂雕塑，你看！秦朝人的雕塑，一个个就站在那里。可是你看它站在那里的姿势，每一个俑都是一样的，这哪里是雕塑（sculpture）？匠人脑筋里没有什么立体的观念，这些秦俑是好不容易用几个面凑起来的。不是中国人生来就没有这种天才，我们实在是世界上最聪明的民族之一，可是在古代，中国人把精神都花在平面上了。缺乏立体观念，所以产生这样子的东西，这是与古埃及及西亚文明相近似的。关于第一点，我想我谈到这里。

平面文化

中国的空间观念，前文说明，是在一个棒棒式的空间观念支配之下。我刚才讲，我们的手很重要，手指头很重要。手掌也有很重要的一点，就是它有触感。上文我们提到，在中国的文化里，产生出玉的文化，是因为手的触感。世界上没有其他的民族产生玉的文化，其他的民族，有雕刻的玉留下来，但是没有触感。我们中国文化有触感，中国人自古以来喜欢玉的温润的感觉。在孔子的时代，玉的理论就被激发出来，产生温润这个观念。所以玉跟道德的行为关联在一起。老实讲，你不懂玉文化的话，简直就不懂中国文化，因为很多东西都牵连到这些观念。当然，这是因为我几年来接触古玉得来的经验。在过去，我非常恨这类东西，因为这是陈腐的读书人的玩物。后来年纪大了，开始接触古玉器，经过一段时间的了解，我体会到里面有深刻的道理。当然大部分中国人在玩弄玉器时，只是迷信。从古代开始，在整个中国人的生活里，从生到死离不开玉。活着的时候，叮叮当当全身挂满，死了还要陪葬，没有玉根本不行。所以玉是中国文化中很重要的器物。玉雕是非常特别的中国艺术。在古典时候的中国（我说的“古典”是指汉朝以前），玉器体积很小，可是花在它上面的功夫却最大、最细致；治玉者可以把生命放上去，所以中国古代有很多有关玉的故事，像和氏璧与蔺相如这种动人的故事，才能流传下来。刻意拿一块璧来换一个城，真想不出来这个璧竟有那么伟大。

玉器本身，如何与空间观念有关系呢？因为中国人基本的空间观念，是在棒棒的支配之下，如果以水平延展的时候，就是建筑平面的原则，这是中国文化的另一个向度。手指是线，手掌是面。接触手掌，面需要质感，需要细腻感、精致感，还需要温润感。在空间上所考虑到的是面的图案，这是二向度（two-dimension）的造物。中国人二度空间的观念是从玉的雕刻、玉器来形成的，这是我近年来的看法。

我先讲一些重要的观点，来说明玉与二度空间的关系。第一就是玉非常珍贵，尤其在古代。殷商的时候已经有“和阗玉”。和阗在哪里，在那个时代从新疆弄一块玉，拿到中原来做雕刻，真不容易。事实上中国本土的一些玉也不太容易得到。而且玉之质地非常地硬，在玉器产生的那个时代尚没有铜器，而铜器很软，可是玉有琢磨的亮光，琢磨出光是要把生命摆进去才做得到的，虽然它的体积不大。这个事实有什么意义呢？背后的观念在于因为这个材料被认为非常地珍贵。为珍惜材料，使得我们古时候的玉器制造有两个非常重要的特点：第一玉要尽量地切割。大部分的玉器都是薄片，因为贵重，当你拿到一块石头的时候，得尽量想办法经济使用。一块矿石切成薄片后，可以得到很多块，以增加数量。自薄片产生出二向度的设计与灵感，也形成中国人一直比较倾向于二向度设计的传统。中国

汉代龙凤纹璜

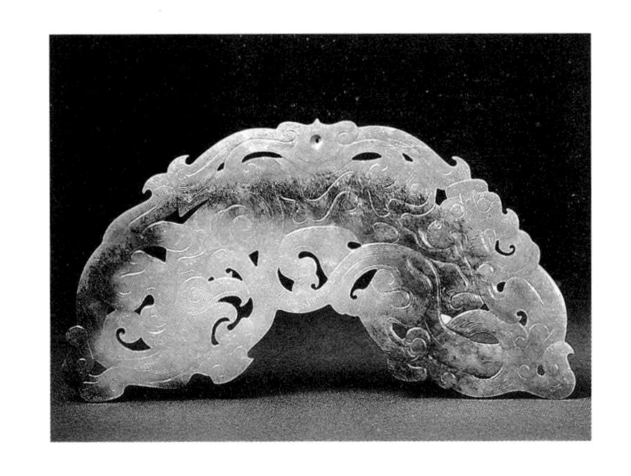

的艺术家，一流的工艺家，从公元前几千年一直到汉朝，设计构思的时候都要从薄片开始。立体的造型非常稀有，有之也很小。因为玉要切成很多片，然后才能开始构思。这是第一点。

把矿石切成一片一片后，还要把它变成一个个玉器粗胚。这个过程里头还有什么学问呢？这是我要讲的第二点。因为玉这种东西非常贵重，有时候不见得能用金钱买得到。何况当时有了玉材去切割也是很难的。并不像今天有机器用，我们今天拿锯子，以钻为刀的电锯去切割。那个时候则是用很原始的工具与方法，用解玉砂摩擦来切割的，经切割的玉片就已经很贵重了。那些玉是捡来的，当时没办法开采。玉的形状可能是任何一个样子。我认为这个事实大致决定了中国设计里的“轮廓为主体”的观念。

“轮廓为主体”，即先有界限（boundry），然后再做设计（design），由外向内。现代的建筑理论最讨厌这个原则：先有造型，然后有内部功能。可是中国人向来就是先有造型，然后才做内部，先有轮廓

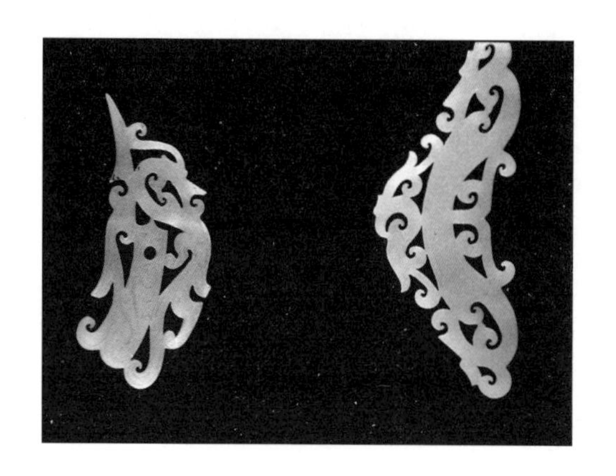

的形状，然后再做设计。这个基本原则很早就在中国出现了。如果有这么一块顽石，就直接把它一片一片地切开来，每一块都不一样。治玉的匠人舍不得把它切成四方形；不得已非切成四方形不可时，剩下的边料也不能丢掉。每一片跟另一片都不一样，每片各做一个设计，所以没有任何两片有相同的设计。切割过后它是二向度的，而且有一个轮廓作为设计的决定性因素。这方面中国人的头脑非常活泼，非常有创意。我们常常看到汉墓发掘出来的东西。刚开始我看到这些文物，不太了解其本末；在书上和图片上呈现的一些博物馆收藏的文物，觉得古代的工匠怎么能想出这么多奇怪的造型。这些年来，对玉器略有了解，才发现这不是他想出来的。玉的轮廓向来不是匠人想出来的；这是天生的，是自然生成的。

中国的建筑，包括台湾的传统建筑，复杂的屋顶常常出现一些古怪造型。怎么会是这样呢？事实上，只是普通的屋顶自然相交而成。横的过去，直的过来，高一个矮一个碰在一起，未经刻意的设

宋代《清明上河图》的屋顶

计就可以产生自然率性的造型，都是天生的（如故宫的屋顶），不是中国人的巧思想出这个造型。当你愈想得少的时候，所产生的造型愈有变化。这是不要多想，“船到桥头自然直”这种人生观所产生的结果。到时候上帝自然会告诉你，其结果为何。这是中国人的人生哲学。我发现很多古怪的设计，尤其是战国、汉代的玉器，像这样的造型是怎么出来的？实在是匠人切到这里玉就断掉了，变成这样一块玉。这个造型很有意思，这里面是一个圆，一个弧线，这边却是自然曲线，初看之下，猜不透怎么会这样设计：一边做一个圆，另一边做有变化的曲线。怎么会想出这么有趣的东西呢？它本来就是一块旧料，切完圆的，剩下的那些边角，舍不得丢，把一边裁一裁，就变成这样特别的造型。这样生动的造型简直不可能是想象出来的！好像我们在做建筑模型的时候，自大块纸版上割切需要的形状，模型做完了，剩下的纸板是天生的造型，就把它挂在墙上。但是，玉非常珍贵，它不像那块纸板，不喜欢就丢掉了。工人有义务

想办法再花几个月，甚至一两年，把剩下的材料善加利用，所以得有个恰当的设计。所以玉器是由它的轮廓来决定它整个的造型，从它的轮廓中间，按当时流行的主题从事二向度的设计，产生一个非常美的新生命，这是中国人独有的能力。究其原因，我个人的看法，在于中国人把温润之玉看成像生命一样的重要。

玉器的二向度设计的概念，到后来，当玉文化渐渐没落，也就是古典中国之后，就自然地流传到民间，变成剪纸。中国的剪纸艺术非常有趣。把玉的艺术跟剪纸的艺术这两件事连在一起，当然是我个人的看法。我小的时候在大陆，看到剪纸这种玩意儿可以说非常流行。同样用一张颜色纸折叠施剪变成一个美丽的图案。全中国没有一个地方没有剪纸艺术，非常普遍。最近几年来，我研究玉器，想知道这种二向度设计的艺术，后来有没有随着玉器工艺的消失而消失。全面检视中国美术的领域，我发现剪纸艺术可以说是传统玉器的设计概念的延续，而且可说是全民化的一种设计观念。中国的剪纸艺术大约出现在南北朝时代。当然剪纸不太容易有遗物留存下来，在新疆干燥的地方留存了少数剪纸，后期的剪纸就非常多了。剪掉之后出现的图案，一些吉祥的形象，如孔雀、老虎。老虎头被剪成可爱的样子，非常自由地运用虚实。这种运用的方式，在玉器和剪纸上是一致的。到后来，乡下人做鞋子，先剪个纸花样贴在鞋面，之后再绣。鞋子上的绣花，也是从剪纸来的；各种各样的花样非常浪漫、丰富。中国古代的女孩子，从小就得学会绣鞋子，不然嫁到婆家去，连鞋子都不会做，被人家笑话。一般的剪纸，就成为图案设计的一种方法，非常普遍地流行着。民间过年，常用红纸剪一些吉利的文字或图案，制造热闹的气氛。

所以中国人非常有设计能力。中国人的脑筋非常好，到国外念建筑一定念得比同班的外国学生要好。其实有这点关系，因为设计是我们的传统。为什么会这样子呢？再用切玉为例，它被切成薄片，用轮廓来雕刻。其中有两个很重要的设计原则，第一，去掉废料愈少愈好，因为他认为玉很珍贵；第二，切割的愈少愈好，因为切割很困难。因为这两个因素，使得早期琢玉的人，很早就研究并掌握到正负的观念，这一点非常重要。换句话说，这么一块玉，你要刻它，如果说就这个形状，你想刻一条龙，这时候最简单的办法就是依轮廓构思，也许是一条弯曲的龙，可以不裁掉任何剩余。这个龙的眼睛摆在这里，然后嘴巴这样，然后这边切掉一点，一条生动活泼的龙就成形了（战国龙）。匠人知道切掉最少的东西，使得正（positive）跟负（negative）更容易掌握，一种很特别的构思方法。他知道哪里挖一个洞，就会出现另外一边的造型。这样考验匠人的脑筋，训练出来的匠人自然非常聪明。古中国的匠人用玉，可与米开朗基罗用大理石比拟。

正负的空间观

下面以玉器说明正负观念的产生。离现在五千年，新石器时代红山文化的时候，有一种玉器，其用途没有人清楚，就称它为云形器。这种东西的意义与功能显然是大家不太熟悉的。可是，在五千年前没有工具的时候，要做这种东西已很困难。像这种云形器，出土的数量很多，而每一件都不大一样。这个样子的造型相当抽象，应该具有某种象征性，我们并不十分了解，但是造型非常流畅自然。轮廓的凸凹进出，就要问当时这块玉原来的形状是怎样。匠人是就玉原来的形状，切成一薄片，然后用工具辛苦地把它挖了两个洞。很自然的，出现一个很大的S形。我认为，或者是两个契合在一起的简单曲线，一个这样弯过去，一个这样弯过来，是最早呈现中国阴阳正负观念的玉器。中国人阴阳的观念，在那个时代好像已经很流行。看上去很自然、潇洒的造型，可是设计的功夫并不随便，到现在还没有人能够突破。两千年后，有类似的玉器是西周时代的玉器，做法跟红山时代的云形器一模一样，观念也相同。在原始时代，形象的表达力不够，可是西周的玉器已经有形状了。可以很清楚地看到，挖这个洞的时候，匠人已有意要把它做成某个样子了。可是你很难看出有什么意思，那边挖个洞，这里挖个洞。西周的雕刻，有一点跟红山文化的玉近似，是切割的斜面、凹下去的圆孔以及一些勾边。这些特色在很早以前就结合在一起。

我自己的感觉是：这就是中国人在整个思想上很早创发的正负观念。大家都习惯说老子讲中国空间如何如何，庄子又如何如何说，实际上，在他们的生活当中，这些东西是经常看到的。空间的正负关系，换了个角度来看就是阴阳的观念。如果阴阳缺了一边，就不是完整的东西。这种观念外国人没有，他们不懂得把正反两个东西一起看。我认为，中国人这样想，因为必须用很少的工，完成一个设计，必须很聪明地在空跟实之间，创造出一个奇特的关系。所以我个人的看法，一个文化会不会做三向度的设计没关系，我们习惯从平面上想，从正负空间想，就有特殊的创意。在平面上，西方人搞不过我们。刚才我讲棒棒这个观念，你可能觉得这个太简单了。可是外国人去参观故宫，他们很感动。为什么这个中轴线会感动他们？他们愈走愈累，愈看房子愈高的时候，自然非感动不行。这种基本的道理西洋也懂，中世纪的教堂正是这样子。为什么中世纪的神龛、讲坛与座席拉得那么长？就是希望你们进门以后，离神像很远；走得愈远，两边柱子愈长、愈多，宗教的气氛愈浓厚；走到坛前面，才真有诚心。这种单纯的观念好像是没有太多深刻的意义；但是反过来说，这种简单的轴线方法与正负空间相结合，就产生了非常有意思的空间感受，非常需要技巧的灵活运用。这就是“灵巧”。中国文化正是两者结合而成的。中国的建筑文化的精髓毫无问题也是这样子的，那么这两样特性怎么反映在建筑上呢？

反映在园林设计中。中国园林的设计基本上跟切玉的道理一模一样。我们中国江南的园林是先有院子，后有园林。先砌墙，一定是先砌墙，绝不会是先看环境及地势高低，然后经过设计，再砌墙，那样的话，我们就不会做园林设计了。这是因为中国民间的园林是在城里住宅的一隅，自然受到地产界线的限制，而且一定要把墙砌起来，就好像治一块玉，你一定要先给我一块玉才行，给我一个边界才行，有那个边界，我再想办法。边界的轮廓愈怪的愈好，愈怪

我就愈有办法，越可以有创意。如果你给我一个方方正正的院子，就很难设计了：这与西洋人的看法完全不同。在这个古怪的形状里头，中国人利用挖空的观念，来创造实体。这种观念，正是中国园林的一种发明。中国园林的观念，可以说和一片小小的玉的雕刻精神有很多共通之处。比如说，借景这种观念。你听我这样讲，可能又觉得我讲到哪里去了。其实在西周的时候，玉的雕刻，即使很小，有时候它有很多很多的功能，而且互相因借。

试以西周的龙纹玉器为例，仔细看看，当时的设计，距离今天有三千年的设计，确实有很多条不同的龙在里面。直着看看，像一个人；横着看看，像几条龙；再换一个角度看看，像别的什么东西，简直不知道匠人花多少脑筋在这一点点东西上。组合起来以后，感觉是没有一条纹路是为单一个目的而刻画的，每一条线都有两三个目的，在这个图像上它是一个膀子，在那个图像上，是一个翅膀。这种设计就是经济。中国人很早就有这种互相因借的观念，玉器明确地显示出因借的这种观念，以达到少中见多的目的。

还有另一个观念，也要稍微讲一下。虽然说，这么多变化里有正跟负的关系，有许多形态互相因借的关系，但是，很重要的一点，任何一个高级艺术品必须合乎一个原则，就是整体看来，它必须非常“匀称”。“匀称”的观念，跟温润同样的重要。不管做怎么样的变化，一个设计整体感觉上要很匀称，这个很不容易。当一个设计有很多变化的时候，同时要保持匀称的感觉，需要成熟的艺术手法。要达到一种目的，就是该在哪里就在哪里，该怎样就怎样。这是我个人在过去的一段时间里，单纯从中国人的空间里，想到的一些东西。

下面讲棒棒的观念如何使用在日常生活中。宋代《清明上河图》的虹桥，全世界没有别的民族会发明这种桥梁的结构。这个桥跨过一条几十米的河，是用棒棒一条条接起来组成的。一根一根杆子接成一座桥，而这座桥面有那么多人站在上面，跟大街上的活动没什么两样。中国人实在聪明，用最简单的办法，解决复杂的问题。因为我们玩棒棒玩得太多了。这跟丐帮那根打狗棒一样。这种桥的结构是不是可能呢？它的确非常可行。自然科学博物馆想复制这么一座桥，也的确用很多根棒棒建成了一座桥。我们复制的那个模型像这个样子，像用一些筷子编成篮子一样，互相搭接，就可以站住了，没有什么麻烦，连绳子都不大需要，它就能很稳地站在那里。这真的是很奇妙。开始的时候，博物馆要求日本人来复原，日本人简直不敢尝试，建议下加钢梁。我们却把它复原了。明明日本人用的筷子也是中国人用的筷子，同样是棒棒，我们却真的把它发挥到极致。我们有很多游戏，包括民间的工艺，大人或小孩玩的，都是一些棒棒。不一定是筷子，有时候用小麦秆，或者高粱秆，拿来剪成一大堆，然后横插竖插，这实在是非常巧妙的民族艺术。

宋代张择端《清明上河图》中的虹桥

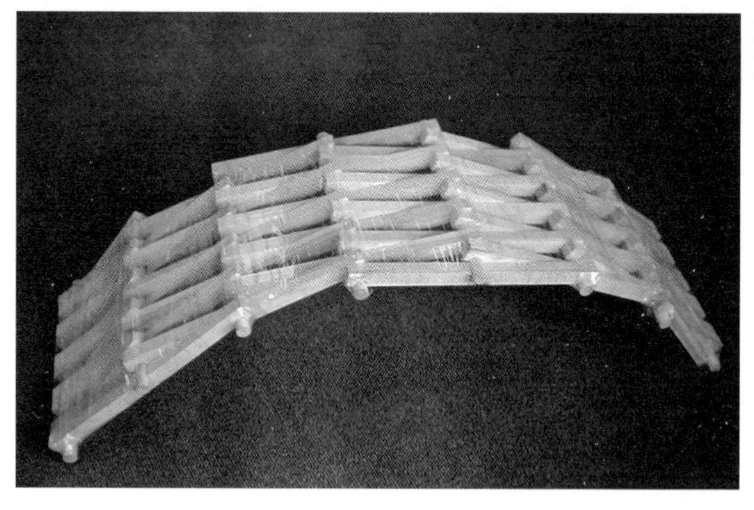

虹桥模型

清代条桌

中国人喜欢棒棒，你看明清的家具，它基本上就是一堆棒棒组合起来的，这还是一种直线、棒棒的观念。从唐宋到明清，中国家具的主体观念非常简单：底下四根脚，上面一个板，然后怕它倒了，用横条把它连起来，与建筑的柱梁几乎完全一样。要花俏（fancy）一点，就雕一雕，基本上，它就是一些棒棒组成的，而且它还是圆棒棒，中国人喜欢圆，圆本来是不易制作的。像现在看到的早期的条桌等生活器物，做得也很巧，可以一段一段拆开，中国人家里都有类似的东西。你要搬家，就把它拆开来，装在袋子里带走；到了新地方，再把它组合起来。每一样家具基本上都是由一些棒棒组合起来的，造型看上去非常灵巧。另外有一种很好的设计，你可以看到，碰到一个大的断面的时候，还是会想办法用较细致的方法，小的框框，小的线条来暗示线型的组合。它要你从这些东西了解，这不是一大块东西，或一大块木板凑起来的，而是由很多线条所组合起来的。我们喜欢线条，我们喜欢圆圆的线条。

第四讲

古典中国的空间课题

今天我想跟各位谈一下，我这几年来所想到的关于中国建筑空间上的几个问题。这些问题，过去并没有什么人做深入的讨论，甚至也没有人谈过。我觉得，中国建筑史的研究，到现在为止，仍相当原始。内地的研究，大概都在考古上面，资料性比较强，历史的解释比较少。资料性强对于历史的研究当然有些帮助，可是没有办法解决很多历史上的问题。我觉得中国建筑史上有很多问题，牵连到一些基本文化的现象，需要思考。我觉得这类研究工作做得很少。我喜欢钻牛角尖，很多年前我写过一本关于斗拱起源问题的书，到现在也没看到什么人再去讨论那个问题，或者对我的讨论有什么不同的意见。

建筑史方面的研究非常少，几乎可以说没有，这是很不好的现象。内地有些学者，到美国去教建筑史，拿的本子还是梁思成、刘敦桢著作的延引。实际上就是内地考古发掘的资料，按照马克思的历史分段法表现出来，是一种集体创作。大量的资料都集中在明清的建筑上面，因为明清的建筑资料多嘛！内地研究中国建筑史，问题基本上在于他们持的是唯物论，所以不能发挥想象，讨论一些历史的问题。有一位常常喜欢想象的是考古所的杨鸿勋教授，他喜欢复原一些建筑物，很多重要的古代建筑物造型都是他复原的。但是他在考古所并不受欢迎，因为被认为想象太多。像这种想象力的发挥，或是历史的问题的解释，等等，都不是他们所重视的历史学家的研究取向。在台湾我们根本没有第一手的资料，然而我们现在倒可以慢慢地从这些不同的角度思考几个问题。

单与双

今天跟各位简单地谈一下三个问题。题目很生涩，是不是成熟，是不是正确，仍值得考虑。但我是第一次讲出来，所以不见得靠得住，希望引起同好们一点兴趣，最好你们能够有自己的意见。

第一个问题，开间数的单与双是有关中国人对中轴的观念，我相信这是在今天研究或注意中国建筑史的同事或是同学们应该已注意到的问题。中国建筑，基本上很重视的一条线就是中轴线，在上次已经详细分析过了。可是真正盖个房子，或是盖整个城市，顺一条线盖过去，是不可能的事情，所以这个中轴只是一个观念的架构，就是一条抽象的线。这牵涉到一个非常基本的问题：对中轴这条线，我们所持的态度是什么？我们是怎么看这条线的？

要知道，在巴洛克时代以后的欧洲，轴线也受到很大的尊重，可是他们的轴线常常是一条大路，或者是一个长条的空间，用今天的话说，就是动线，而在中国是没有动线这个观念的。

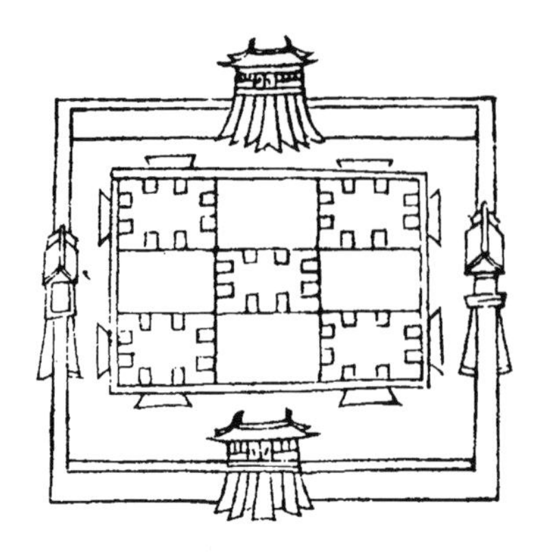

图1

很单纯地说，看这条线的一个方式，就是我们今天所持的对中国建筑的看法。它就像个“中”字，我们是在一个简单的长方形（rectangle）的中间画一条线；或画一个建筑物在这主轴上面，让主轴两边对称。中国从古到今的主要宫殿建筑差不多都是一个系列，这样的长方形串起来，这就是我们中国建筑的基本配置。

当你谈一个“中”字，画这条线的时候，对空间的处理来说，一个根本的问题是，开间是双数还是单数。写一个“中”，用一条直线把长方形分成两个空间，是双数。可是对称的双数是不是我们中国人的空间观念？我们知道中国后期的建筑空间是以三间房间为主的，如果写个“中”字在这里，实际上这是一个虚线的轴；中间是一个空间，不是分割线，是不是？但看这个“中”字，空间就分配在主轴的两面。这个问题，要怎么样结合中国的文化去解释，就变得非常重要。这是没有被讨论过的问题；我们之所以要讨论这个问题，是因为我们今天所看到的一些文献上或实物上的证据，中国人“中”字这个轴线的问题老早就存在。

【图 1】是宋朝时候，一本《三礼图》上描述王城的一张图。这是宋朝人对《考工记》中记载的理想的王城的解释，这是中国人的都市计划。建城很简单，在任何一个地方，画个方块，开九个门，直三行、横三行就完了，最重要的是王宫要摆在中间。但这跟我讲的不一样，我讲的事实上是有一个主轴的，有一个棒棒的。我认为宋人对于《考工记》的这个解释是不正确的，因为这四个门是主要的门，每一个主要的门进来，有三条大街，都冲到中间的王宫，这通不过去嘛！中间是个空间，或是个实体，两者有很大的分别。这个图根本没有规划的观念，它把实体摆在正中间，这是个王宫啊！所以从这里可以说明《考工记》或《礼记》上对宫殿王宫和王城的说法，都是不正确的，都是后期的一种有点道家观念的解释，而不是真正中国人过去的做法。

记得我最早发现这个问题的时候，对内地中国建筑史的考古资料知道得很少，也没有机会认真地去看什么东西。很多年前，我第一次到日本去看奈良的法隆寺，发现它的中门的开间是双数的，也就是在中轴线上是一根柱子。当时这是对我非常严重的冲击，因为我们所了解的中国建筑，从中间走进去是个正堂。可是这中门中间却是一根柱子；从中间走的话，鼻子岂不碰到柱子上了！当时我觉得非常奇怪，怎么去解释这样一种空间的安排？这是一个简单的单数双数的问题，它似乎是很小的一件事情，可是愈小、愈简单不被注意的事情，有时候代表的意义愈重要。像这一件小事就有很重要的文化演化的意义。法隆寺的中门，我当时觉得可能是一个变体，是日本人把我们中国东西拿去之后，加上本身传统所形成的日本式的中国建筑。可是等到后来，慢慢就发现中国古代的建筑物实际上

日本奈良法隆寺的中门

具备这种双数的基本观念。在相当数量的考古基址挖出来以后，就发现至少在周朝以前中国建筑是双数开间（bay）；我这才知道法隆寺的中门，实际上是中国建筑古老的传统。

从双数的间数，转变到单数的间数，应该是中国建筑史上非常重大的改变。这件事情我想是发生在汉朝，完全转变过来可能是在东汉。这种转变是渐进的，有很多主要的建筑慢慢有两种不同的形态出现：一种是单数的开间，另一种是双数的开间。在西汉以前，主要的建筑，就是礼制的建筑等等，很可能都是双数开间的建筑。

从发掘基址里头，发现早期的建筑确实是双数的开间，我个人觉得，这是一个很重要但被忽视的问题。各位知道我们中国是一个礼制的国家，在《仪礼》中依周公、孔子的文化传统，在空间上有很多的礼节与制度。所以在汉朝以前的文献上，你可以发现一些很简单的居家的活动规范，规定客从什么地方来，从什么地方上去，从什么地方下来；主从什么地方上去，坐在哪里。这对中国人来说

是非常重要的，因为这些空间具有相当象征性的意义，与早期的建筑双开间紧密相连。一个人从哪里上去，在哪里坐下来，就可以看出这个人的地位，或者他有没有傲慢，他有没有失礼、不客气，或者他有没有做错事情。每一点都规定得非常清楚。所以从《仪礼》上简单的图解，可知中国人的早期建筑是两个台阶的。我们的礼制建筑物，包括每家的正厅，一定是建造在一个长方形的台子上。今天是从台子的中间上去，而古代的台阶有两个，一边是主人上的，一边是客人上的。主人坐下来朝西向，客人坐下来朝东向，这在当时是一个普通的礼貌。

到了后期，我们没有这种制度了！我们把行动简单化，大家都从中间一直上去。等到我了解古代建筑的主轴线上实际上是一根柱子的时候，就觉得分两个台阶是很自然的安排。你登堂的时候，从中间走进去，会碰到中间那根柱子，需要躲开才能上去，是很别扭的一件事情。这种从两个阶梯上去而且有双数开间的建筑的时代，应该是在西周，不过也是逐渐建立起来的。究竟是先有双数开间建筑，还是先有两个台阶的礼仪，是值得研究的问题。西周一直到汉朝的这段时间的建筑基本上是属于中国古典的礼制时代。这种两个阶梯的做法，后来逐渐转变成中央的开间。可是双台阶是慢慢地消失的，后来唐朝的大明宫含元殿的那个基址，还是有两个很长的阶梯上去。但这个时候，并不一定完全照古典的礼节来定它的位置，仪礼制度是慢慢放弃了。一直到今天，我们中国主要的殿堂，前面的阶梯虽变成一个了，还是分成两边，中间还是有一个空间，称为御路，刻个龙凤等图案；从两边上去，然后集中在前面的平台，再进到大殿；大殿中间则是个单数的开间。这是今天我们所知的情况。随着时间的改变，中央开间成为定例，中国人的生活空间就产生了基本的改变。

这种生活礼仪直接反映在当时的建筑设计上，以我的看法，跟结构的体系有直接的关系。这一点是一个很有趣的小问题，可是对整个中国建筑史上空间观念中中轴的处理上面，有很大的影响。以后期的庙宇来说，这一连串的建筑，不管多少开间，都是单数的，实际上可以从中间直接穿过去。因为这个中间有个主轴，主轴中间实际上是空的，是个空间的轴，虽然有的时候你必须绕过去，可是理论上你可以穿过去的。在住宅建筑上，就是这样，在这个主轴上，空间是没有用的。南方的住宅建筑尤其如此，比如说台湾雾峰林家花园的宫保第，你走进去看，沿主轴的房间都是没有用的，直到最后那个房间才有用。这个轴变成一个虚的空间轴，实际上是沿着这个轴线穿过的一条动线。因此当年礼仪的观念已经很淡了，只剩如此而已。可是在古代，情况就不同，建筑物在主轴上的空间，不是一个动线。这是很显然的两种不同的观念，我感觉到，双数开间，

图 2

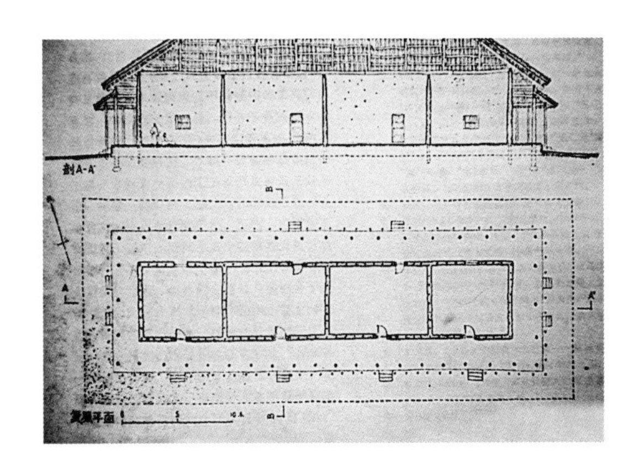

代表了主客定位的关系，是人与人关系主导的表征。等开间产生了一个正位，也就是高高在上的主轴的位置。中国的建筑里，就因正位的存在，有了超人间的象征，是神佛、是祖先，或拥有权力的人。自左右变成上下，是中国文化的一大损失。

【图 2】是商朝盘龙城的考古基址。主要用来说明中国古代的长方形的堂，不管怎么用，开间是双数的。有中轴对称的观念，可是房间数是双数的，在中轴上面，有一个大柱子。长方形的棚子的观念是有了，但却还没有建立中间是主轴式空间的观念。这种例子很多。

【图 3】这个是早商二里头的宫殿，也是由杨鸿勋先生复原的，这种主轴是柱子的做法明显地存在。想想看，这种厅堂可不可能有个皇帝坐在中间？所以我曾经觉得，中国建筑的开间之所以双数变单数，与专制的帝国发展有点关系。上古的制度，汉朝之后之所以慢慢

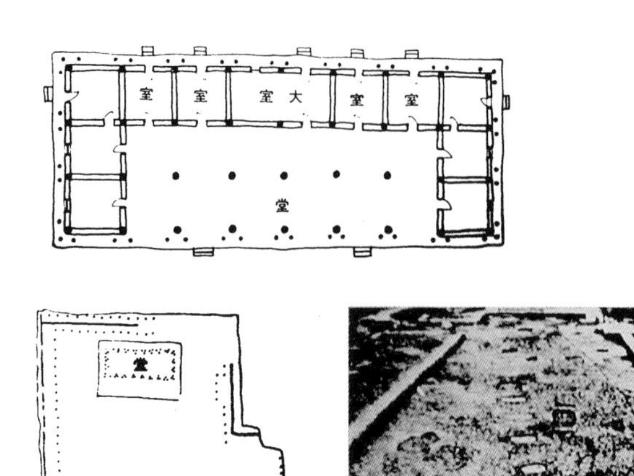

图3

地消失，主要是因为以礼制为支配的主要文化精神的封建制度消失掉了。中国的古典社会使用礼制做人们的行为准则，以控制封建国家与人民之间的关系，它主要是封建社会的产物。任何一个封建社会对礼制都非常尊重，日本是很好的例子，日本在明治天皇复权之前，一直是封建制度。帝国建立之后，威权的空间象征，使中轴产生特殊的重要性。如果是单数间的话，从中间进去，中间柱间宽一点，就是南面而王的架势。所以祖先的牌位摆在中间，庙里的神也摆在中间。皇帝座位当然也设在中间，朝拜的人从这里上来磕头也方便，于是坐北朝南，便是中国的帝王之坐向。据说这是早商的帝王住的地方，那时候权威显然没有完全建立，从空间上就可以看得出来。

【图4】这也是杨先生复原的，陕西省扶风发现的一些西周贵族的建筑群（complex）。那时候，还没有改变双数开间的习惯，中间还是一根柱子。但比起刚才我们看到的商朝的东西，它的柱列间隔

（左图）图4 （右图）图5

（column spacing），结构的规则性，很明显增加了，可是中央的中轴线的处理，还是一样。西周是封建社会的黄金时代。

【图5】这是在风雏，非常有名的多重的四合院。它的堂本身还是有三个阶梯，其中一个摆在中间，但是偏一点，以躲开中心线。宾阶阼阶完全是《礼记》上的名词。客人走那边，主人走这边。看上去很轻松，有点像今天的林家花园三落大厝。但是仔细分析会发现有很多东西，不是跟今天完全一样的。这个平面可以视为合院最早的实例，也可视为自双数开间转为单数开间的先兆。

所以我觉得这是一个很有趣的问题。因为在早期的中国器物上面可以看出对称性，即相对于一条线的对称，老早在我们中国文化中就被肯定的。可是究竟主题是摆在中间还是摆在两边，就变成很重要的问题。拿一个很简单的良渚的琮当例子。大家晓得琮，从上面看，内圆外方，四边凸出来。中国人说它是礼器，琮礼地，璧礼天。事实上

图6

这个大有问题。究竟这四边凸出来的东西代表着什么意义？这在早期是不太清楚的。现在我们了解，这就是一个兽面夹着一个虚轴！为什么不把兽面放在正中？请大家思考一下。另一个有趣的现象是汉画中双数的屋顶突出物所代表的意义。似乎可以说明古代的中国并不像后代那样主张中央突出、左右对称的山字造型。这是耐人寻味的。

很多汉朝的建筑物，有像【图6】这种成对屋顶的情况。很多类似这种的形象，这种做法，使建筑看上去非常正式。认为这样的建筑是仓库，顶上解释为几个通风口，在我看来，这种解释是成问题的。

【图7】是一个拓片，属于山东某一个墓。这个设计组合（composition）可以很明显地看到，屋顶上面突出来两个比较高的塔，是双塔的造型，上面都是凤啊鸟啊，都是当时吉祥的东西。这是当时的一个神像，从两个主要建筑物的外观看来，底下是个很重要的建筑，

（左图）图7 （右图）图8

不是库房。两个仆人在旁伺候主人，主人的脑袋特别大，显示其地位。汉朝的图像，其实有很多这种例子，都是一个主体建筑的上面，突出两个非常高的建筑来。这种情形跟后期的山字构图完全不一样。到了唐朝以后发展出一殿二阁，这两个附属建筑分得很远，放在两边。

【图 8】也是一个拓片，跟刚才的例子差不多，底下几个人比较不正经地在喝酒赌钱打牌。可是显然这是一个重要的建筑，跟图 6 那个所谓仓库一样，上面有两个屋顶，屋顶上有两个气窗一样的东西。这种对称的主要突出物的形状，跟阙的建筑，在空间组成上是颇有相关性的。

方与圆

第二个问题，是关于在中国圆形这个图像的产生。这是个很早以来就使我感兴趣的中国空间上的问题。中国的圆形建筑是怎么产生的？是什么时候产生的？上次我跟各位提过了，中国建筑是木造的建筑，是一种棒棒组合起来的建筑。这种系统最合乎逻辑的结果，就是一个简单的柱和梁（post & lintel）搭成的方形的建筑。它要兜合一个圆形建筑是不那么方便的。实际上，我们中国的圆形建筑，现在看得到的数量非常少，只有像天坛这类纪念性的建筑群，或者有时建圆形的亭子，如此而已。像这种结构物，究竟是怎么产生的？什么时候产生的？这是一个很有趣的问题，值得探讨。

我们很自然地想到，在中国文化中，圆形是代表天，因为从古以来，就有天圆地方的观念。如果是这样看的话，圆显然是象征天的图像。今天我们所知道的明清的圆形天坛，是一个非常具有宗教意义的象征性的礼制建筑。因此我们就可以断定说，圆形有这样高贵的象征意义。

可是中国人也很奇怪，有时候盖亭子也呈圆形。亭子本身是生活中最轻松的建筑，却也盖成圆的，就很难理解了。从西洋人的观点来看，圆形具有非常高贵的象征意义，而正方形也具有跟圆形几乎相近的象征性意义。对比到中国建筑，会不会也有类似的情况？这，还是蛮令人怀疑的。

吴讷孙先生谈到中国故宫的建筑时，他画了一个图解，常为学者所引用：把三大殿的中和殿摆在方锥图解的最上面的尖端。为什么他把中和殿摆在最上面呢？因为中和殿是正方形，好像一个金字塔的样子。几十年前，我看到这张图的时候，感动得不得了。可是，等到你实际去思考这个问题时，会发现这其实是西方人的看法。因为中和殿不是个重要的建筑，真正重要的建筑是太和殿。怎么会把

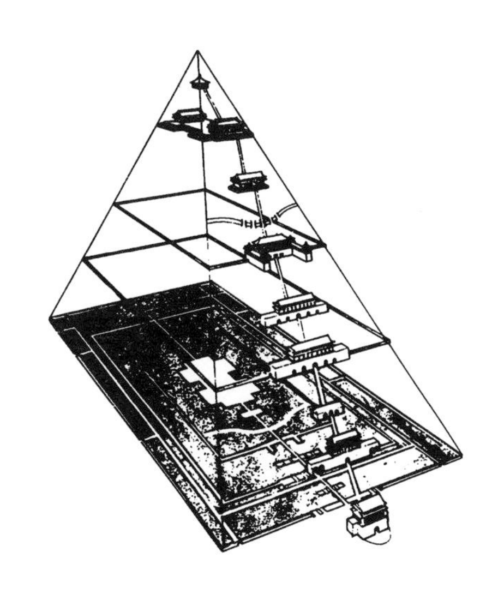

不重要的建筑从空间的观念上摆在最重要的位置呢？这是不可能的。中和殿具有正方形的平面，如果依照西方文艺复兴时期的观念，这个房子应该是最重要的建筑，它的机能也应该是最神圣的。事实上却不是，它只是个次要的小房间而已，等于是个太和殿的预备室，皇帝进入太和殿之前，先在这边更衣。那样一个房子，怎么会有仪式性（ceremonial）的感觉呢？

至于圆形的象征是怎么来的？有那么伟大吗？我们中国建筑除了圆形屋顶之外，还有一种圆形，就是藻井。坦白地讲，当我在研究鹿港龙山寺的时候，实在感到很困惑。我是受西方教育的人，看到全台湾最漂亮的一个藻井，是放在鹿港龙山寺的中门以后的戏台天花上，实在难以索解！这是一个 Dome（穹顶）！你想西洋建筑的穹顶，是多伟大的东西，总是放在建筑群最重要的地方，而我们盖个穹顶，底下居然是唱戏用的！想象中，在穹顶的底下应该摆神像，然而却不是。有时候在台湾乡下的庙宇大殿里，可看到那种由所谓斗拱组成的很华丽的穹顶，你总是假想它会在神座的上面，其实不然。从西方的观点来看，这实在是很令人困惑的一件事。这么华丽的东西，我们叫作穹隆，穹隆就是天的意思。这样一个以天的形状所建造的华丽的结构，那么多层斗拱装饰在上面，它不在象征性的位置，反而在一个不重要的位置。就连太和殿仪式性那么强，它的藻井都不在宝座上面。所以，很显然地，以天坛来讲，这个圆形在中国古代，确实有它的象征意义，但却不完全如此。我们要从中国文化的观点，不能像西方人一样，来看中国建筑中的圆形，我们不能很单纯地完全以这种纯粹的天的象征的意义去了解。

现在你们大概知道我认为圆形的运用是中国建筑史上一个议题（issue）的原因了。中国建筑怎么产生这个圆形的结构？我曾经从中国古书上寻求圆形的结构出现的时期，可是一直没有找到。古人重道轻王，对于建筑很看不起；很喜欢建筑的外形，很重视建筑的制度，却看不起建筑。这是中国人的矛盾，其结果就是历史上对建筑的描述太少了！自然也很难看到对圆形建筑的描述。

目前我翻资料所看到的，最早是在汉朝，主要是对明堂建筑的描述中提到的。中国古来就有一种建筑叫明堂，究竟什么是明堂？古代的明堂是怎么回事？为了它，古人的笔墨官司打了好几千年。《考工记》对明堂有所描述，后来的学者不知道花了多少时间，去勾画、想象明堂是什么东西；每一代的说法都不一样，到了宋朝，才放弃对于明堂的争论。宋朝之前，大臣们一坐下来几乎就是争论明堂制度。这个争论从汉朝就开始了，其实汉朝离有明堂的周朝应该很近的，但已搞不清楚明堂是怎么回事了！开始胡猜乱猜了！这个时候皇帝以为没有明堂就没有完成礼制，好像皇帝瘾没有过足，所

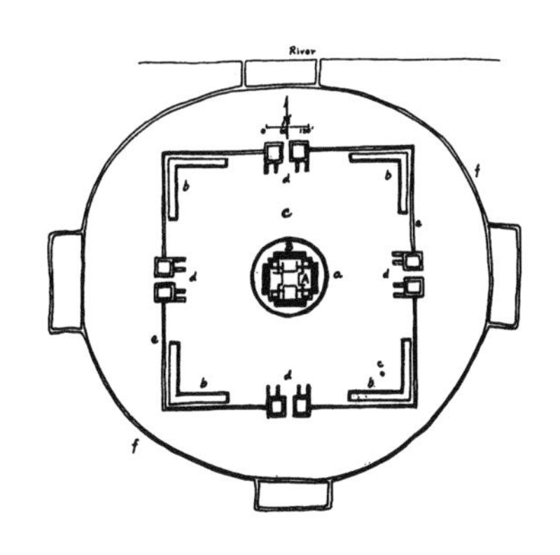

以总想盖个明堂，可是明堂长什么样子已不晓得了。

汉朝开始受天象观察的影响，就有明堂天圆地方这种观念：下面是一个方形的结构，上面是圆的屋顶。我认为这个形象含有后期的道家思想在里头，大概不会是纯粹的中国古典社会的正统的明堂建筑观念。明堂，在我看应该很单纯，好像就是很亮的堂。当然古人有各种说法，到近代，清朝很多学者为文讨论。到了台湾，卢毓骏先生还写了一篇《明堂考》。每个人有每个人的写法，真是莫衷一是。自从汉朝，因道家思想进入，开始有这种上圆下方的明堂的观念以后，实际上实现这个观念的人，是五百年后的武则天。武则天真正在洛阳盖个大明堂，非常清楚地说明上边是圆的，下边是方的。这个房子比较晚期，花了很多钱，规模很大，非常华丽，但很快就烧掉了。

宋朝以后，大体上就不再谈明堂，不吵了，后来就没有明堂这样的建筑。明堂的考据一直到明朝灭亡，清朝中叶，汉学兴起，才又重新争论起来，但这次不是皇帝下命令盖明堂所引起。清朝皇帝脑筋比较清楚，不盖这种玩意儿，所以就没有明堂的争执。可是从明朝开始就有天坛祈年殿这种类似明堂的建筑。天坛很早就有，祈年殿盖成房子是明朝的事，在以前是没有的。明朝的祈年殿盖成圆形的时候，就没有下面盖成方的、上面盖成圆的观念，方跟圆的关系就分开了。一个天坛，一个地坛，分开了；把方的盖在地坛那边，圆的盖在天坛那边，方圆就分得很清楚。

以上是中国的礼制建筑与圆形建筑的一段简短的回顾。可是究竟它在文化上所代表的是什么意义呢？汉朝以前，圆形的观念确实落实在方形上面。

汉朝及以前有很多圆形器物，如玉璧，就是很好的例子。汉朝的璧，量非常多，都是圆形的。此外，汉朝的铜镜也很多，也许因为在汉朝，女孩子喜欢照镜子，所以陪葬的镜子非常多，都是圆形的。可是非常奇怪，汉朝人在构想圆形空间的时候，永远不忘与方形的关系。如果看看汉朝的璧所刻画的花纹，会发现它并不像后期的纹路这样连续性的，而是由很清楚的四个边组成，好像有虚线为界。在虚线的一边，是花纹的主体，通常是个兽面。这四边是个兽面，然后是以兽身连起来，形成圆形图案。这代表什么意思呢？就表示汉朝人看圆形，实际上看到的是方的。这话怎么讲呢？汉朝人的宇宙观，可以简化为外圆内方相叠的图形。那个时候，中国人已有四向的观念，这个四向就是青龙、白虎、朱雀、玄武，也就是后来所谓的四神。青龙白虎的观念，是一个十字形的观念。如果说天是圆的，可是它还是有四个角，这个圆不是真正像我们想象的抽象的完整的圆，而是有四个不同位置的各代表不同意义的一个圆。

因此大概说起来，汉朝的空间的价值观，是框在一个矩形的两轴上面看这个圆形；这个圆不是连续的东西。甚至可以说，这个圆是不得不圆的，因为仰首观天，天是圆的。事实上汉朝人脑筋想到的，可能是个方的东西，因为我们存在的世界有东西南北四个方向。汉人所看到的圆，不具备神意，而是一个参考的图形，如同仰首看天，我们看到的是一些星星，天宇只是这些星星的背景而已。所以从文化的观点看，在汉朝，圆形建筑几乎是不太可能存在，因为当时对四个方向是那么地重视，甚至于在很多的象征意义上，这四个方向到后期都落实到信仰上面。这四个方向，东西南北，青龙、白虎、朱雀、玄武，成为他们精神生活的一部分。方，不仅代表地，也代表人的生活环境，把自然现象归纳为一个图形，圆是观念，方是实际。在感觉世界中，方才是真实的。两者加起来就是钱的形状。所以，以我的感觉，圆在汉朝人脑筋里不大存在，圆形并不是一个非常具体存在的东西，只是一个参考框架。

【图 9】就是我刚才跟各位讲的，良渚的玉琮。玉琮是个方形，是这样的方柱，中间是个圆形孔。可是这个兽面是对斜角，而不是对中线的，有很强的四向的观念，一直延续到汉朝。有人认为这是一个内圆外方的造型，我个人看这个琮，不这样解释。我觉得这中间基本上是一个圆，没有方。这和我刚才跟各位解释的璧的观念是一样的。当定义这个圆的时候，选出四个主要的方向，然后把四个方向凸出造型来；这些凸出的形状事实上是圆形的四个角而已，目的是为圆定向。古典的中国，事实上没有圆的观念，圆一定要有一方向感。汉朝的璧事实上是放平的琮，而且四个角有四个几乎相同的兽头。所以对圆基本上是从一个方的观念来理解的。

（左图）图9 （右图）图10

【图 10】是一个汉朝的玉璧。这种璧出土的数量很多，是汉代文物的代表性器物。它的用途是随葬。自考古发掘知道，贵族的金缕玉衣上覆盖数十枚璧，可知是与信仰有关的。上面是整齐的蒲纹，外圈有连续图案，可是却有四个兽头，标示了四个方向。

【图 11】我刚才提到，汉朝的器物上常看到圆形，可是它常常使用四瓣的装饰。很多文物的例子可以看到这种设计，它是在圆形中安置的四方形的空间架构。由于这个四方形的图案的存在，所以它有四个基准点，占有四方或四角，这是汉朝人看圆的特殊方式。秦汉以来，铜钱之为“孔方兄”，可能是自此观念产生的，而这正是一个实物证明。

【图 12】汉代铜镜，通常中间都有个方形，四边伸出四个 T，今天我们不了解是什么玩意，圆形是以这些指示方向的符号为基础而

（左图）图11 （右图）图12

做的。外国人看不懂这些东西，就叫它 TLV 镜，反映 TLV 形。我看到一个器物，是汉朝人下棋用的棋盘，它的中间，还是根据四个向位，青龙白虎安排起来的。这种 TLV 镜子在所有圆形镜子中是最多的，中国人叫作规矩镜。中国开天辟地的故事中，伏羲、女娲两人，一男一女，蛇身交缠在一起，他们手上拿的就是这个规矩镜，好像是创造天地最早的象征。

那么圆形究竟从什么时候开始来临呢？好像是从佛教的文明来到中国开始发展出来的，我感觉它是从佛教的象征，就是荷花或莲花这个图像发展出来的。从六朝时期佛教进中国以来，中国人的装饰性图案，或是中国人看东西的时候，开始有了完整的圆的观念。把汉朝时候凸显的中国传统的四向圆形放弃，就出现这种纯粹连续性的圆形，莲花就反映了这个观念的出现。莲花的每一个花瓣都一样，分不出哪个方向，在中央一个圆的花芯，没有符号，从哪边看都分不出来，这就开始出现完整成圈的观点。汉朝有些圆，比如说有些盒子，盒盖上会有四个花瓣。四个花瓣跟五个花瓣的观念是完全不一样的，在空间观念上，五个花瓣形成一个圆，四个花瓣就指四个方向。圆的完成乃出于六朝之后的佛教文化，而到唐朝完全成熟了。唐朝文化是很充实圆满的，它每样东西都是圆的。圆形的花朵，变成唐朝文化的代表，什么东西都是用花来代表。这个情况一直持续到北宋的中期。

也就是说，大概7世纪到11世纪这段时间，中国的文化成为一个花的鼎盛文化，而且都是喜欢圆满的花。花有很多种，在装饰上有各种花的图案，如牡丹花、宝相花等，可是不太小心的话常常不能把它跟荷花、莲花分辨得很清楚，因为彼此间差异微小。我们中国人把牡丹看成富贵花，是从唐朝开始。这个牡丹花的特色，就是花瓣很多，你如果从花芯向外看，它是对称的，一层一层，一圈一圈，非常丰满，圆而且满！这个圆的形象开始有文化的价值以及人生的期待、人文的意义在里头。所以“月圆”，开始代表圆满。这个观念并不是每一个文化都有的，在外国人看，月亮突然变圆，突然变为月牙，并不具任何意义。而中国人的悲欢离合的人生际遇，反映在月圆月缺上。只有我们中国人见到月圆，想到团圆，兴起思乡怀旧的感怀，因为月圆具有文化意义，代表圆满。中国人做人“圆融”没有棱角的观念，也开始跟着这个图像产生。当然做人圆融的观念出现得稍微晚一点，不过整个说来，对我们中国人空间的意象、图形价值观以及人文图像的意义等等影响很大。但是这些文化上的图像对当时的建筑的影响有限，用在装饰上较多，主要因为圆形并不适用于中国人的生活，而且构造比较困难。

所以我觉得圆形出现在空间上，出现得蛮晚的，应该是在宋朝以后，才变成一个比较常见的空间形式。宋元以后的中国人，非常喜欢圆形，很多图像及器物都采圆形，普及到日常生活中。因为方圆具有世俗化的人文价值，所以很多东西的造型均向它集中。这个方圆，并非如西方认为有那种神圣的意义，而是非常人间性的。中国人到了元朝以后，戏曲喜欢圆满的结局，更加不喜欢悲剧。方正圆满是共同的梦想，对中国人来说，是一种对人生幸福期待的象征。中国人对于圆这种几何图形的体认，一直到近世出现了圆桌，用餐时团圆而坐，人际关系含义一直在不断地发展中。这种圆形图像出现在建筑上，尤其是元朝以后，我认为也应该做这样的解释。大家都知道，中国传统建筑中最美丽的建筑就是天坛里的皇穹宇与祈年殿，它们也是中国唯有的圆形纪念性建筑，其重要性应超过古代的明堂。这组建筑是明代建造的，可知圆形的使用在近世中国固然代表天，也就是超自然的力量，然而这是在中国史上第一次出现纯粹的圆形建筑——这，可能是世俗的圆满文化终于落实在完美的空间与造型之上。

【图 13】是唐朝的圆形，它就没有一个方形在里头了，没有方位观念了，它就让人感觉到很圆，是一个连续的图案所形成。日本人叫这种连续性的图案为唐草，中国人叫缠枝。日本人叫唐草，就因为唐朝开始有这种设计。它基本上是圆形的连续图案，不但外头是圆，里头也是圆，旁边还要再来一朵一朵的圆，然后用缠枝把它连起来。这个花里头还是圆，一个套一个，圆进去又是圆，这里头有多少圆圈。中国人喜欢圆，唐朝以后达到了高潮，对身体有喜欢胖胖的、圆圆的，脸孔圆圆的，真正喜欢圆，这个时候，圆的确变成一个充满人文意味的象征了。

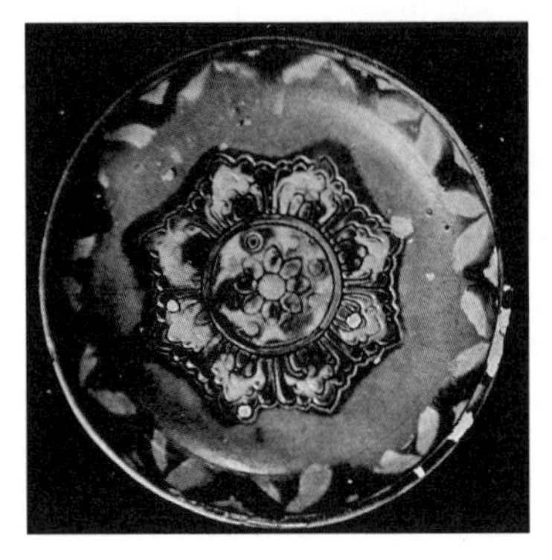

（左图）图13 （右图）图14

【图 14】是唐宋的花朵变成的器物。当然，盘子没有不圆的。可是当你把盘子变成一朵花时，它的圆的性质就特别显现出来。在唐宋的时候，有很多器物，直接就是一朵展开的花。中国人真的很喜欢花，非常非常喜欢，当然，在后期牡丹花变成一种很通俗的东西。可是也含有中国人要求圆满、富贵、吉祥的意念，圆形也慢慢代表这些意思，以至不圆的东西也喜欢变成圆的。

【图 15】是清代的团龙，一只升龙蜷曲在圆形中，请注意，圆心完全没有意义。我们会期望龙头在正中，但它却不是，这可看出中国人用圆形，忽略了圆心，其神圣的意义并不十分强烈。

简与繁

我再简短地提一下第三个问题，是关于在第一讲中讨论的，中国

图
15

建筑的简单（simplicity）的性质。中国建筑非常重要的特点，是“简单”或“简洁”。中国建筑基本上是一个方块，一个简单的长方形，然后点几根柱子。台湾各地的庙宇建筑都是这样，长方形，中间是四点金。这就是中国建筑，最简单，什么功能都是这样，顶多盖长一点。所以学中国建筑跟学中国文字一样，最简单了，我们中国字认不了几个字就可以猜了。想想看，《康熙字典》十几万字，我们认识的不过一两千字而已！可是我们大体上都可以沟通，为什么？望文生义，看它的字形就知道什么意思！这是我们中国字的特色。中国的语言非常简单，没有过去式，也没有进行式。中国的文字非常奇怪，是个方的。因为是方的，可以向左看、向右看，有的可以向下边看，甚至向上面看。所以实在不用去伤脑筋。有的招牌，上一行是从左往右写，下一行是从右往左写，旁边一行是上下写，然而你都不会认不得。奇怪不奇怪？我们中国人的思路之多变性就在这里。

样样以简单为尚，其组合成的意义则千变万化，而极简单的时候，就变得极复杂，这是我们中国建筑的精神。事实上我们中国建筑是个棚子，是个最简单的架构！没有比这个再简单的。我们中国人，根本就不去多用一分脑筋。拿结构来说，中国建筑的结构是什么？用不着想，不学也会。两根柱子，中间当然要架个梁，然后为了撑屋顶，先在梁上立两根短柱子，再加个小梁；再于小梁上立两根柱子，再加个短梁。最直接的做法，脑筋不需要转弯，观念就这么简单明了。可是这种极简单的精神，是什么时候才有？是最早就有呢，还是我们中国文化发展到成熟的明清时代才正式建立？这是很值得讨论的问题，也是我今天跟各位谈的第三个问题。

在第一讲时我提过，中国这种简单的理念很早就有，可是经过长时期的一些发展，事实上在明清以后才完全以成熟的形式呈现在我们面前。那么早期的情况是怎样呢？古代的中国建筑是不是也这样简单？有一派认为古代的中国建筑也同样的简单，所以汉朝有学者讲，尧舜时候的建筑，茅茨土阶，是非常简朴的，就是草棚子而已。如此，则中国自古以来，建筑就是简单的，而原始时代的建筑当然也是简单的。根据历史的发展、技术的进步和社会的需要，建筑一定愈来愈复杂。可是从考古的挖掘，我们看到不同的建筑语言表现出来，有些是相当简单，如周朝就有三合院，或三进四合院。但有些也是很复杂的，这并不表示说，后代的简单的院落组织的建筑，跟周朝时候完全一样。因为，每一种文化在每一个阶段，也都有简单的建筑；而每一个时代，每一个阶段，每一个文化，每一个民族，又都有很复杂的建筑。可是中国后期的建筑的特点就在于没有复杂的建筑，全是简单的建筑。最了不起的建筑是太和殿，也是一个大棚子，一眼看到底。进去看到的，不过是一根根涂了金的支柱而已；柱梁上是五颜六色的彩画。西方的建筑可不是这样。像克里特文化，老百姓住的房子非常简单，方方块块，可是国王住的房子跟迷宫一样，走进去出不来！又如古埃及时代，民间的房子非常简单，也都是长形的立方体，可是庙宇也是在大柱厅之外，黑暗曲折，高低宽窄各种各样的空间都有，非常复杂！所以差别是在非常特殊的建筑上。唯独在中国，自住宅到宫殿到庙宇，全部都一样，都简单。但是究竟这种简单，贯彻到宫室及礼制建筑，是不是在古代也是如此？我的问题就在这里。

根据我现在的了解，在文献的描写里，秦汉以前，这些特殊建筑可能是非常复杂的。有些描述或图画秦朝的明堂，蛮复杂的，我们说的复杂是相对于长方形殿堂而言。明堂的建筑，据前人的考证，有人说是中央有大厅，四角有小厅的形状，有人说是十字形，都附会五行的说法。秦明堂居然有九个厅，其意义殊难了解。而考古的挖掘也发现一些复杂的遗址，比如汉代长安南部的礼制建筑，也许是明堂，也许是辟雍，其遗址相对而言是相当复杂的。即使早此一千年的凤雏的周代遗址，建筑的规模不大，其柱列的不规则性也显示出建筑的复杂性。所以我个人的看法是，汉朝以前的建筑，基本上已有中国的特质，其单元建筑很简单；但重要的建筑，如礼制建筑，则是一种简单建筑组合而成外形复杂的建筑。这种情形与外国是很接近的。中国的建筑从春秋战国，到后代的发展，我觉得，是从复杂趋向简单，愈发展到后来愈简单。反而把组合体解开，还原为单元体，这也许与简单的柱梁系统不易构成复杂的空间有关。

以太庙的制度来说，就是一个公案。各位知道古代的皇帝，一登基就要立庙，就是立太庙。每次立庙，大臣就吵得一塌糊涂，因

为每个大臣都要表示忠心，每个人都有一套复杂的理论。唐朝以前的太庙制度，为“天子九庙”的古制求解释，这九字就把建筑复杂化了。可是明清故宫的太庙，摆脱了九庙的阴影，却非常简单，就是一栋房子。其实，我根据文献判断，古代制度的复杂性（complexity），主要表现在建筑物的组合上面，可能是简单建筑的组合体，也可能是一个很大的建筑，旁边有很多小的建筑。这种复杂性主要在配合太庙制度，比如说，一个皇帝应该奉养几代祖先，应该摆什么位置，等等。“天子九庙”，这九庙是指九座庙组合成的复杂建筑，也就是简单型建筑的复杂组合。可是如何组合，多么复杂，今天已无法知道了。这种组合愈到后来愈单纯，至少到了南北朝，就把九庙视为九座庙了。讨论之重点在配置，它们已经不是一个如明堂一样的复合体。明清以后，干脆就盖成一条，就盖一大栋房，把庙解释为神主位，然后把牌位按次序，左昭右穆放在那里就完了。如果皇帝真传万代的话，怎么办呢？没关系，因为它有个规定，太

北京紫禁城太和殿

北京太庙

祖在中间不动，除此之外要奉养几代是一定的，超出的几代就得离开太庙。这种方式使事情变得很简单，盖一栋房子就没事了！

就考古的资料来看，古代的帝王的宫室也不简单，不用说周代以前的柱列不整齐的殿堂所可能代表的复杂性，即使是秦代的阿房宫遗址，甚至唐朝的麟德殿遗址，都显示在一座建筑中，包括了各种功能的空间，其复杂性不亚于中东古文化中的建筑。这种复杂性到了宋代就确定消失了，为长条形的开间建筑所取代。《营造法式》把宫殿制度化可能是一个原因，宋代帝王复古的俭朴精神可能是另一个原因。帝王的生活环境渐与臣民相近，居住在以长方形建筑组成的合院中。

【图 16】是“中研院”院士石璋如先生，把安阳小屯的殷墟发掘的基址，复原为明堂。其实这个明堂的解释，在我看来是不可能的，可是考古学者却认为是很了不起的发现。石先生根据这个建筑

图
16

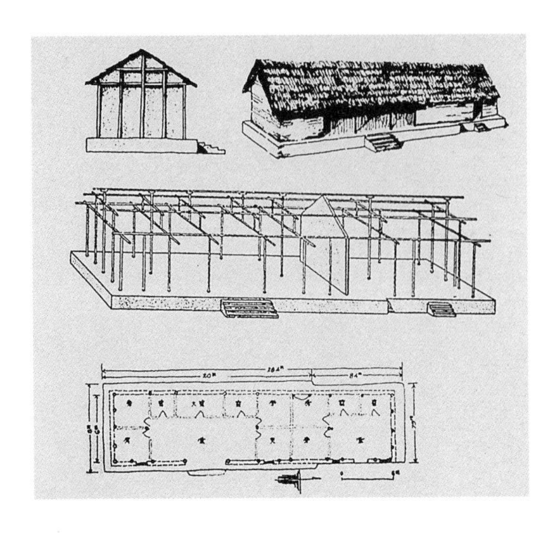

基址上发现的一些柱坑，把它复原成这个样子，然后配合《考工记》上夏世室那一段话，用这个图案来解释夏世室的配置，他认为夏世室就是这个基址。我觉得这是超乎常识之外的！不可能在周末战国，甚至是汉朝时候所写的《考工记》，上面的一段关于在当时算来是几千年前的某一栋房子的平面的描述，可以跟遗址确认。不过给各位看这图样，不是要争辩其复原正确与否，而是要说明这种平面的复杂性，在古代是有的。从它这个柱子的安排看，恐怕建筑原貌还不像这个复原图这般简单，因为复原图所呈现的与原址柱位对不起来，而这已是殷代的建筑。殷代并不落后，不像原始时代的建筑，没有结构的秩序。殷代做的铜鼎，技术的准确性非常高，已经是一个非常高级的文化了。石璋如先生这个复原是绝对不可靠的。但它反映了古代建筑确实有一种复杂性，是今天所不能够理解的。

图
17

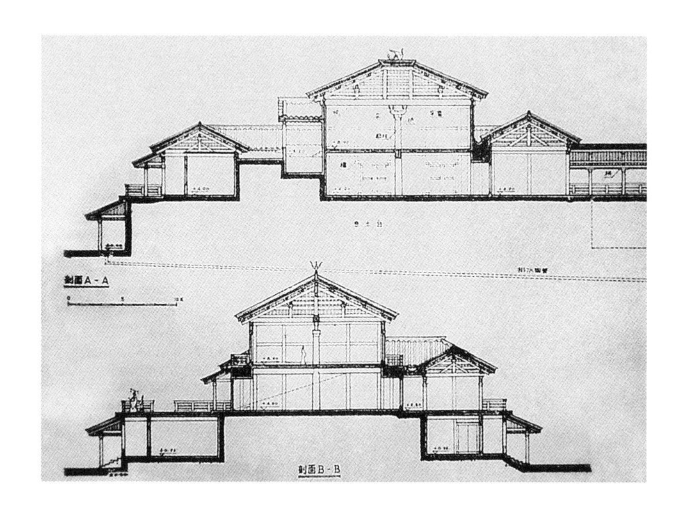

【图 17】是内地学者复原的秦朝咸阳宫殿的图样，在一个高台上面，是一个外形复杂的建筑物。基本的梁柱结构没有问题。从平面来看，它确实有深宫的复杂性，跟西方差不了太多。一直到唐朝的建筑，像大明宫的麟德殿，层层的柱列，不易推断的空间组合，仍然会发现这种复杂性。宋朝以后才慢慢减少；到了明朝就都没有了，慢慢剩下那个框框而已。而像这个情况，我认为都是一些简单几何形的堆积，一个房间套一个，又套一个，然后由一些长方形屋顶结合为一体。但是它本身是非常复杂的。当时的帝王生活空间为什么会这样复杂？我认为这是一个很有趣的文化问题，我们对古人的空间文化懂得太少了。

【图 18】是圆形建筑，是在扶风发现的基址中的一个。复原这个基址的几位先生，尤其是杨鸿勋，认为屋顶在当年是圆形的，这一点我很难接受。初看上去很乱，那些柱子的位置都不在一条线上，好像

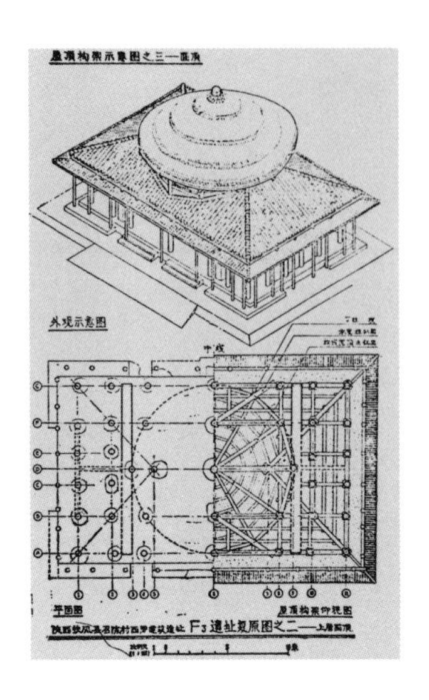

图
18

古人脑筋蛮复杂的，不像后人，柱子成矩形排列。古人不是不会排得整齐，不能因为它其中三个柱点刚好在一个圆圈上面就如此判定，那其他不在圆圈上的柱点要怎样解释呢？因此，我想说明的，一方面，这是一个复杂的建筑，在我个人认为，学者们的复原还是不太完满，我认为这个时代不太可能出现圆形的建筑。比较早期看到的礼制建筑的圆形，如【图 19】的东汉时期的礼制建筑，它的圆形只是个壕沟而已！圆中有方，方中有圆。四个小洞是个 court yard，不甚了解其功能。虽然是两轴对称，但它仍然是一个蛮复杂的建筑；这个复原图虽不见得可靠，不过看平面可以知道这个建筑的复杂性。

当然，今天我们讨论装饰艺术也好，建筑也好，一切中国的几何美术，谈到圆的时候，总是把祈年殿当作一个最高的代表。

【图 20】到了明清的时候，中国在图案的使用上，真正达到完全用圆来表现一个意义。这种象征意义，确实与天的象征有关。可是

图
19

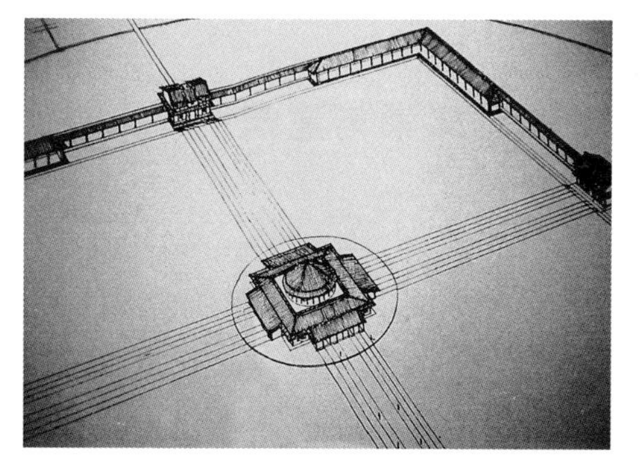

图
20

它不仅仅是天的象征，因为从明朝开始，在建筑配置上它并不如我们想象的摆在中央，它还是一条轴线的最后一个比较高的建筑而已。所以圆形在中国建筑中，它代表的意义远超过神圣的意义，因此它同样地也包含了一些我们刚才讲过的人文的、社会的意义。

第五讲

文字、文学与建筑

今天是我最后一次与各位讨论中国的建筑文化。前几次所讲的都是我个人在研究中国建筑史的过程中所思考的一些基本问题。思考的面向广及生活与文化，但根本上仍局限于建筑专业之内。今天是最后一次，我决定逸出建筑的专业，谈谈文字、文学与建筑的关系。各位已经知道，我所讲的都是我所感受到、思考过的东西，并没有经过深究，谈不上学术的结论。但是建筑界的学术太静止了，所以我就借着这个机会，把我思考的并不成熟的东西丢出来，希望造成一点涟漪。

文字与文学不是我的专长，但是在中国文化中，文字与文学是核心，同时也是知识分子生活中的一部分。文化是从文字开始，是大家受教育的第一页，因此我们对于文字都不是专家，但都不陌生，我们每天生活在其中，离开文字，一天都活不下去。因此我们对文字的理解能影响到文化的各个层面是很自然的。当然，建筑也不能例外。

我们怎么开始联结文字与建筑的关系呢？在一个文明社会里，文字构成民族的象征世界，所以这个民族的思想观念很难脱离与文字的关系，这就是为什么学习一国的文字非常困难的缘故。譬如我们学英文，学了很多年，我们用来读书，与外国朋友交谈，似乎都已可应付，但是除非你真正打进他们的社会，与他们一起生活相当的一段时间，否则你并不能真正懂得英文。因为在语言文字背后有很多复杂的、深奥的文化内涵，是不能只从表面的语意中体会得到的。

文字在文化中的核心地位是世界性的，中国的文字在中国的文化中占有的地位更是非常特殊的。据说文字发展的过程是从象形开始，然后演变为形意的结合与形声的拼凑，最后变成声音的符号，成为拼音文字。西方人认为拼音文字是最进步的文字，完全以声音的符号来代表意义，就把文字抽象化了，与物形彻底分开。由于拼音符号可以简化为字母，而字母可以简化为灵巧易写的符号，如此就方便记忆，方便书写，也方便文字的传播。尤其是在印刷术发明后，字母就成为一种利器。我们都知道在打字机发明之后，没有字母的中国人是最尴尬的。因此当时的西方学者颇有认为中国文明之所以落后，是因为文字没有字母化的关系。

所以在现代化运动开始的民国早年，就有人倡导中文字母化。有人认为可以用罗马拼音，也就是用英文字母，有人认为应该特别设计一套中文专用的字母，与日文、韩文一样。其结果就是国民政府时代产生了注音符号，1950 年代以后则改以英文字母作为拼音符号。可是我们都知道这两套符号只是便利孩子们学中文，并不能代替中国文字。

中国文字与中国文化一样，是经过包装的原始的产物。基本上，中国字是象形的、形意的，并没有完全脱离我们的直接经验。自最早的甲骨文，经过大篆、小篆与隶书，乃至今天习用的楷书与行书、草书，形状与意指的作用越来越降低，就书写工具之便而发展的痕迹也很明显，可是不论如何改变，它只是把原始的造字加以驯化而已，还是用字的形来表达意义。我说“驯化”是指使字形变得漂亮，便于书写，易于辨认。字形的演变，在我看来，与书写的工具与材料有很大的关系。后期的文字到汉代末年已经成熟了，那是因为使用笔和纸的书写到汉代已经成型的缘故。

中国字中也有声音的符号。我们都知道对于中国字的发音所知很少的人常常读偏旁。自一个观点看，偏旁就是音符了。就以“偏”字来说吧，中国字中有不少带“扁”字旁的，几乎都念相同的音，不念 pian，就念 bian，因为“扁”字原就有两种念法。

这种近乎音符的偏旁，与音符尚有一步之差，就是没有完全抽象化。比如“篇”字，在声音之外，就有甚强的形象，似乎具体化了“篇”的视觉印象。由于中国人一直寻求与生活相关的具体的影像，要我们把文字完全脱离视觉的经验是不太可能的。中国人是视觉的民族，文字是视觉的符号，不是声音的符号。

这个意义的重要性可以用中国书法来说明。世上其他的民族亦有重视文字美感的，也有“书法”之说，但没有一个民族把书法视为第一艺术，也就是艺术的根本。欧洲的中世纪，也许是受东方的影响，很重视书法之美，在抄写经典的艺术中，装饰性的书法盛极一时，今天我们看了也觉得美不胜收。但那是装饰艺术，近似手工艺，也就是中国人说的匠人之事，不值得大事赞扬，所以西方人到文艺复兴之后就不再重视它了。

可是中国人自从汉末以来，书法艺术受到极大的尊崇，尤其是明清以后，士大夫之家几乎全用书法为提升空间品质的艺术，绘画降低到配衬的地位，有之，也是笔墨近似书法的作品。书法的艺术在形式上是具有视觉美感的艺术，在内容上，是儒道哲学与中国诗文的精髓。文字的重要性在中国文化中是无可取代的。

大家都知道，中国的文字有六书之说，那就是一、指事；二、象形；三、形声；四、会意；五、转注；六、假借。在这六书之中，指事与象形是造字的基础，形声与会意是文字的架构，转注与假借是文意的扩充。指事与象形是最原始的也是最生活化的形容词与名词，但是整个文字的体系是由形声、会意建立起来的。东西南北、上下左右等，是"指事"而造成；日月山水、人犬猪马是"象形"造成。所以象形应在先，指事应在后，比如"東"，是木与日两个象形符号合起来所指事的。

为了要表达多种事物与各种抽象观念，才有"形声"与"会意"的法子出现。这两种原则是使用象形与指事所造的字作为单元，组合成多种文字。根据这两个原则，中国人可以随便造字，长年下来，我们才有字可用。到了《康熙字典》的时代，已经有数万字了。这些字我们大多不认识，但由于无非形声或会意，所以可望文生义，猜想个大概的。

在文字尚不够使用的古代，转注与假借是重要的手段，用以扩充文字的功能。这两种方法，学者的解释颇多异见，可是我的浅见是"转注"乃意思相类的文字来使用，"假借"是以形与声相类的文字来使用。原来本无此字，就转或借他字来用，因而扩大了文字的功能。

整体说来，中国文字的构造中有很多联想的成分，也就有很多

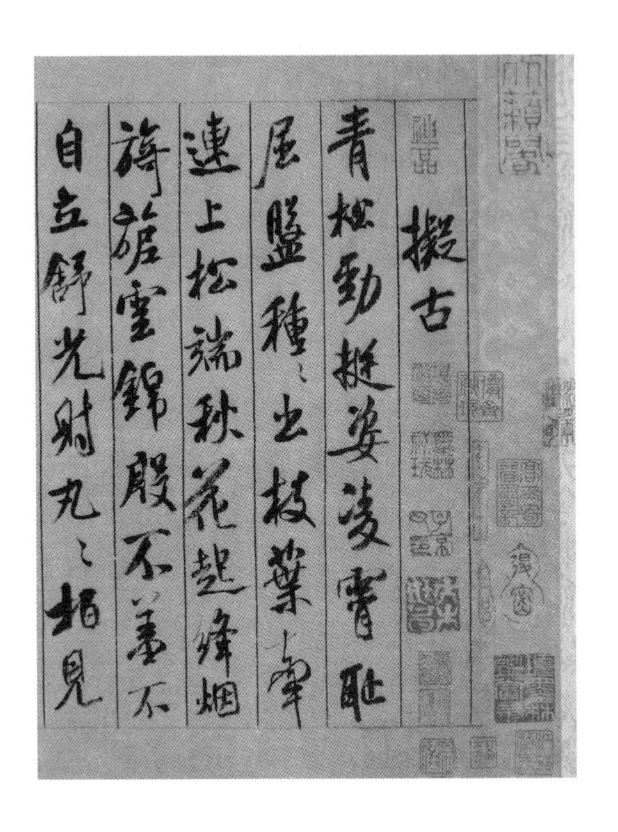

宋代米芾《蜀素帖卷》

宋徽宗瘦金体《秾芳诗帖》

想象的空间，因此可以与建筑与环境中的一些概念关联起来。其连动的次序大体上是这样的：

（转注）

形（象形）⟶意（会意）⟶价值判断⟶建造行为

指事　　形声　　（假借）

也就是望文生义后，对建筑行为的直接影响。

价值的意会

这样简单的推论，举例来说明。鸟飞行时展开的翅膀是轻快而上扬的，这种上扬的形象具有生动、灵活的含义，因此可以象征生命与幸福。在建筑上，翼角起翘成为一种制度。其实我最早感受到这件事情，是很多年前我开始对风水做点研究的时候。在风水术里，有很多的观念，来自观察山水的形状，也就是风水学所谓的“形家”。看山的样子，看水的样子，然后马上产生一个联想。我很多年前学风水，请了一位风水先生为老师，他带我到处走，都会告诉我说：你看！那个山是什么样子，为土形、火形或虎形、龙形，接着他就告诉我是什么“意思”。这个“意思”完全就形状直接产生，是一种价值判断的意思。这种由形状对环境做判断，对于中国人而言，是非常重要的。

后来，我自己感觉到，风水先生事实上是把环境、把山水当作文字或者符号来看待，他并不把山当作山看，不把水当作水看，山和水事实上都被当作符号来看。看到某个山水的符号的时候，他就有一种解释，这个解释又从哪里来呢？直接从山水“形”来。所以不同的风水先生看同样的山水，判断不太一样。为什么？他念的书跟同行念的书一样，可是体会的意思不一样；字义的诠释还要随人的看法而定。我们中文，尤其是文言文，有这种问题。譬如说《老子》那本书没几个字，研究它的人可不少，每个人的看法都不太一样。这和风水的判断有点关系，这也是我们文字的六书最重要的特色。因为它不像西洋文字只是抽象的符号，我们的文字缀接起来的文章，不像西洋文字的文章，由抽象的思考当中产生明确的逻辑观念，所以无法产生这样一个抽象逻辑观念的世界。中国人常常需要把地形，或者把自然界里所看到的东西的形，赋予它特殊的诠释，这跟风水先生看风水一模一样。我跟风水先生在山上走的时候，觉得他好像念书一样，这是什么，那是什么；我都看不出来，他都看到了。另外请一位风水先生来看，他可能念的不同，所以看的意义又不同。基本上，因为这种理解的方式不是一个很合逻辑的程序，我们念西洋书的人就没办法这样子去想。从中国的思想观点来看，却正是这样把某些东西跳跃地关联起来以后，产生一个意思，而且他主要是从形的联想来产生，好像解梦一样。

我认为，这是属于从“指事”与“会意”的观念所产生的想法。比如，我们常常说南京是一个首都，一个有灵气的好地方，就说它龙蟠虎踞。龙蟠虎踞这个观念，用来解释一个地区的地形，第一个你要先看出来，这个地方是龙，那个地方是虎。我们普通人看这个地形，怎样看也不像龙，怎么看也不像虎。可是透过某一些阅读方式就可以判断，它是龙还是虎了，以后经验多了，就更容易判断。这都是从形状来看，但是这种判断最重要的是靠师承、靠经验。当然不同的风水先生也可能判断出不同的动物。这个“蟠”跟“踞”，是在描述这个形状的动态，也就是解释山水的动态。然后把这几个字连在一起的时候，就对这个环境的整体构成，给了一个很清楚的价值观，认为它是一个很伟大的形象，一个都城的气象。

这种观察山水形势的风水先生在风水术上叫作形家。过去我不太了解形家的意义，形家实际上就是观察山水环境的形状，根据它来判断吉凶。所以“吉凶”说起来实际上就是在判断它的意指是生是死、是荣是枯。风水这种想法在中国很早就有了，早期纯粹的形家，事实上是指山水里山跟水本身的意象，到后来的形家讲的是山水的关系。早期风水很直截了当地讲形状，实际上没有很高深的理论，风水师看山水的形状以后，从中间看出或感觉到生气的观念。不同的形，产生某种生的意象，是生气盎然，还是垂头丧气？这是我早期研究风水时，所感受到的，进一步思索以后，我觉得这些方法跟整个我们使用文字的方式有直接的关系。

语音暗示

我们使用文字，文字与文字当中常常有很多逻辑的空当，这些空当供听看的人去发挥想象力（imagination）去填补，这是我们中国文化相当人性的一部分。它永远字很少，意思却很多，因为这些字好像一直是跳开的，你需要把这些字跟字的中间填一些想象的字以后，才会产生意义。所以这样子，就要看你填什么字，填什么字会造成差异很大的意义，这是中国文化很重要的特点。它反映在很多方面，其中比较容易举的例子，除了上述风水的形家外，其次就是关于语音上价值的暗示。因为我们有假借、形声这两种文字构成的原则，所以我们的文化也很容易产生假借的观念。文字的假借可以借着声音的改变来完成，这种事情经常出现在我们生活当中。也就是“语音暗示”相对于“价值观的暗示”，这个原则影响我们中国人的环境观，是非常强烈的。外国人很难了解这一层道理，不太知道中国人为什么有这种想法，文化现象实在很难解释的。

中国文化是一个非常重视现世的文化，就是我们希望自己幸福。我以前也谈过，我们是一个祈求现世幸福的民族，对宗教没有很大兴趣，但是，我们也是一个有很多忌讳的民族，也是怕死怕鬼的民族。在这个民族的文化形态里，特别需要很多象征。这些象征用来把生的观念，一而再，再而三地强调，好逃避死亡的所有暗示，这是我们文化里头，表现最多，非常明显的一种性质。这种语音连带价值的暗示，也就是“谐音”，我从小就深深体会。我们在家讲话的时候，说到死，就会挨骂，这个影响建筑很大。楼房的第四层都不能讲第四层，有很多建筑物没有第四层。这很显然地就是一个谐音罢了，可是今天我们还深信不疑。我最近听说有一个高尔夫俱乐部卖号码，每个人都抢 168，因为有粤语“一路发”的谐音。汽车牌照号码、电话号码也是。我不知道不吉利的号码，可不可以折价，可是吉利的数字，通常值好几倍的价钱，的确是事实。

就建筑而言，谐音直接的象征，文字本身的象征，也有相当影响。我简单举个例子，比如说“上”“下”。上下本来没牵连什么价值判断的，因为没有上就没有下，没有下就没有上，上下本身是一个相对的字眼。可是上下，在社会一般人眼中，却包含一个价值的观念，总认为“上”是好一点，“下”坏一点。各位有没有这样的感觉？凡事讲到上下的时候，“上”代表正面，“下”代表负面。上去比下去好一点，当你有这种感觉的时候，上下就变成一个象征。这两个字眼本来只是一对简单的形容词，变成了一对有价值判断的象征。如果上是好的话，那么大家都要"上"；如果"下"不好的话，那么大家都要躲避这个"下"。这是因为刚才我跟各位讲的，我们没有把这些字眼脱离开现实，却把字的形状跟道德的价值观，或者跟命运连在一起了。

我举个更实际的例子，我们都喜欢"上"，不大喜欢"下"。由于"上"有吉祥的意味，表示步步高升，你要叫人家下去，听起来就不很好。因此，中国人的传统建筑向来是进到房子时要先上登，以这个演讲厅来说，都不合乎中国文化。如果是中国式设计的话，应该演讲者站的地方是最高点，听众在下面，是不是？现在我站在最低的地方，是一种西方教育的观念。这栋建筑当年是我主持设计的；我主持可以这样子，如果换个业主，可能就不是这样子了。因为中国古人对"上"的观念非常重视，所以我们的传统建筑是要"登堂"的，"登"是"上"的意思。说"下去"，是很触人霉头的事。"下去"代表很多不好的意思，可能暗示运气走下坡，一切都不如意。因为有喜上厌下的观念，所以我们一直到今天，整个社会还是需要"上"的。要是在山坡地开发卖房子，最好规划每家都要向上走才进家门，不要规划成向下走。我常常举这个例子：在外国的山坡地开发，比较贵的都是下边坡的单元，比较便宜的是上边坡的单元。这个道理是什么？上边坡的单元，后面土坡八成会挡住视线，下边坡的单元，盖的时候又会把上边坡的单元视线挡住；而下边坡的单元视野，却不会有人挡住，所以下边坡的屋子，景观比较好，上边坡的房子只有二楼以上才能有较好的景观。所以在外国山坡地的开发，上边坡跟下边坡的单元价格差很远。在我们这里呢，最近才稍微有点改变，过去一直都是大家要上边坡的房子。因为中国人感觉，进门的时候要向上，我要“上”到我的家里去，不是“下”到我的家里去。文化中的传统观念没有挑战的必要。大家要上，上就是了！可是山坡地的开发，都要上不要下，是很难做合理的规划的，中间开条路，这边要上，那边也要上，只好开出两条路，然后大家的视野都不好。可是台湾真的有这种案例，因为不这样的话，没有人会买。在内湖的新村，就是一个全部上边坡的例子，因此有一半的土地是填出来的，产生了许多工程问题。大部分在台湾发财的人，绝对不会买向下走的房子，这是中国人很直接从语言的暗示去做价值判断的例子。

另外一个例子，就是“高低”这一对形容词。高低的观念，本来就不牵连什么价值，依照现在西方的思潮，低的比较好。像大小，在西方人看来，也并没有什么价值意义，只是一个描述的字眼而已。那里比较高，这里比较低，那个比较大，这个比较小，没有什么价值判断。如果加上价值判断，现代西方的价值观反倒是小的好些，对不对？低的是好的，今天在美国住一栋低的房子，比住高的房子好，事实上也是如此。小车子比大车子要高级一点。所以有人说车子愈坐愈大，就表示愈倒霉了，搭公共汽车去了。可是在我们中国人的观念里，至少在建筑上，大的绝对比小的好，这个观念非常明确。所谓 Small is beautiful，绝对不可能在中国人的观念里产生。东西大的才是好的，非常难从中国传统观念中去除。

很坦白地讲，我这么多年负行政责任，接触到建筑的判断者很多，在很多场合，有很多机会和各种高官有过接触，了解他们的观念，什么都是不够大。如果说他来这里看看，会说：这里的地砖差一些，因为这里铺的地砖比较小一点；这里的建筑比较差，因为不够高大。谁家建筑较高大，谁家的建筑就比较成功。地砖本身的大小与好坏之间，有什么关系呢？现在想也想不清这层逻辑关系，可是不少人很容易就从大小转移到好坏判断上面，因此在我们心目中，要盖房子，盖大的比盖小的好。盖个两层楼，不如盖三层楼；盖三层楼，不如盖五层楼；五层楼不如盖更高的楼。欧美国家有钱人想住一两层的房子，在台湾，楼愈高愈贵。其实，照理说，公寓就是公寓嘛！电梯上去，大家都一样住在里头。可是大的、高的建筑，很明显比小的东西，在我们一般人的心目中，有较高的分量。大小在西方人的观念里，是根据功能（function）来的，如果空间的需要大，就大；需要小就小，适当才是好。我们可不是，我们不相信适当，所谓适当是没有什么标准的。你做不大，是因为你没有钱，或者没有格局。所以一个大厅，愈大愈好，没有人说大厅过大太浪费。一个很大的大厅，一般人走进去，就会说：哦！这个很好、很雄壮、有气派。“大”基本上是一个字，却直接暗示一种价值，是一种非常单纯的推理。

各位知道，中国古代的城市里，房子高低有相当的规定，谁家的房子高，谁家的地位高，反之亦然，世界很少有这样的规矩。我觉得这个也非常好，因为你到一个城市，看看哪家房子最高，哪家的官就最高；哪家地位差一点，房子就低一点。最穷的人他的住处一定是最低的。在商朝的时候，真正的穷人，挖个地洞住在地下，只有地位高的人，才在地面上。周代实行封建制度，就这样子规定，公、侯、伯、子、男的阶级，他们的建筑物的高度、台阶的高度成比例的。地位愈高，房子愈高，台阶愈多，门槛愈高。有句话说：你们家门槛太高，意思是说，你们家我们攀不上。门槛高，门就大，这是个很重要的象征。在专制时代，如果你的房子高得超过你的地位，就叫“逾制”。逾制的惩罚，严重起来，诛九族都可能的，因为建筑的高度与规模超过了皇帝的宫殿，是最严重的叛乱罪。把高低非常直接地做一种诠释，甚至予以法制化，是外人无法了解的。在台湾，也曾有过这样的观念。举个例子，不久以前的台北市，建筑物的高度不可以超过“总统府”，现在已经没有这个限制。“总统府”是当年的总督府，好在当年日本人盖得高，尖尖的一个塔，上面还加个旗杆，使得后来的人盖房子的时候，不大容易超过它。直到近十几年，才废止了这个不成文的规定。

类似这种相关文字的价值观，影响环境非常多。比如说，中国人以“方正为上”，很多规划、建筑设计也一样求方求正。又比如说，中国人说“大方”，两个字连起来，有很直接的意思，就是又大又方。如果你弄得小小的、不方，就不会大方，反而小气了。大、方，感觉上就连着道德的判断。桌子要大方，建筑物也是一样。门很高大，厅堂明亮，全都是直接从文字假借道德的判断。假借就是这样，从一些形容词，转变成价值判断。我个人认为，汉朝以后中国建筑的斗拱系统，其中的斜材，慢慢被放弃，就是一个文字所暗示的价值判断的问题。

中国建筑基本的结构观念，是矩形的架构，非常简单。我上次给各位讲过，中国建筑屋顶下的这些木梁柱层层架叠，不过是要做出这个屋面的斜坡。其实在外国，他们同样做一个斜坡，会用很多很小的木头做成屋架，有很多斜材，使建筑物变得很稳固。看上去，好像中国人很落后！竟不会用斜材。西方人用三角形稳定的原理，结构牢固，木头又省，为什么中国人不用呢？这当然有很多理

正在拆毁的北京古民居所显露的屋架结构

由，其中一个，在我认为就是因为上述的价值观念作祟。各位知道，汉朝以前，斜材是有的，而且很普遍。后来放弃了斜材，斗拱却复杂化了，一直出挑再出挑，做起来非常麻烦，地震一来还会晃会倒。但是斜撑非常容易，插一支就撑上去，什么问题都解决了。这不是说我们不动脑筋，中国人哪有那么笨！虽然我们没有发明真正的桁架（truss）系统，但是实际上广泛地使用斜撑，这可以在汉朝的建筑明器上看得出来。到了后期的建筑，斜撑逐渐由斗拱系统所取代，实际上就是用矩形的结构系统取代了斜撑结构。依我个人的看法，这是中国人价值判断的问题。这个判断就是：我不希望斜撑的存在，我不喜欢斜的东西，我喜欢方正的东西；我宁愿要不稳定的矩形，底下加一根柱子撑着它都可以，因为我不要这些斜料。只有中国人才做这种事情，当然，不要斜撑，解决的办法就是出挑的斗拱，不得不搞得很复杂。我个人认为，从六朝一直到唐朝，斜材逐渐都被替换掉了。实际上，我们是盖一个三角形的屋顶，却全部使用水平垂直的木料。斗拱系统就是用来取代一根斜的料，才能使结构勉强稳定，因为在结构上很勉强，后来才沦为装饰。就是因为用这么复杂的系统替代一根斜料，使中国建筑的出檐最容易受到破坏，只是因为歪斜所象征的意义我们不喜欢。

建筑规划方面，也不再有对角线（diagonal）这种东西。我们样样都喜欢方的，以方正的关系取代斜面的关系。中国传统的建筑群是矩形的组合，不但没有斜置的建筑，如古希腊的神庙或古罗马的广场的殿堂，即使一条歪斜的道路都没有，巴洛克式的规划是中国人难以理解的。

这是我的体会，可以连上我们使用文字的方式。所以古书上有很多字，以谐音代替，很普通而不觉得错。六书的观念用到今天，很多别字也可以用了。问题在有没有共识，甲字可以代替乙字，大家可以沟通就一点问题也没有。在中国的文字系统，本来就是如此。换句话说，大家是可以随便写别字的，你要是想不起来某个字怎么写，写个别字好了。问题是你写这个别字在这里，其他人是不是认可，知道这个字的意思？只要大家认可，这个字就成立了，所以中国文字系统基本上是一个非常人性的东西。字可以互相假借，假借这个字表达另一个意思，甚至转变成很多意思，很容易就转变成象征道德的观念。

形通意同

关于这一点，我想再简单地跟各位谈一下。我手上一本你们都可能看过的书，从中间我印了一些图片，给大家看一下。这一本书，大概叫《中国的吉祥图案》，日本人写的，其中很多图案显示了形通

（左图）芝仙祝寿图 （右图）富贵白头花鸟纹瓶

意同的原则。在我认为，“形通意同”就是从象形、转注的这个系统下来的东西。譬如一些吉祥语的暗示，跟我们刚才讲的语音暗示有很多近似的地方。不过，吉祥语，我特别觉得与转注的观念有关系。研究文字学的先生可能会笑话我，不过以我现在的了解，自转注加上语音暗示，就是完成形通意同的步骤。各位要是有不同的意见，请不吝赐教。

因为中国人对道德的暗示跟幸福的祈求都非常重视，所以通过这个形跟声音的隐喻关系，而表达一个意思，变得很平常。其实，各位可能很熟悉，比如这样的一幅画名为“芝仙祝寿图”，我很多年来就想写一篇文章，讨论这幅画。因为我在自然科学博物馆做事，知道西方的自然博物馆是讲究描画这些自然的动植物的生态，完全是一种自然的写生记录，而我很想拿他们的写生来比较这种中国式的写生。这类画或装饰性的图案出现在明朝之后，已经被画得很熟练了，可是它们却不是自然的，没有自然的真实性，而只代表一些象征。这些物

（左图）「喜上眉梢」花鸟罐 （中图）天仙芝寿 （右图）耄耋

象基本上是寓意的，而寓意这种方式活用到一个程度，你得使用很多想象力去填补才能明了。各位常常看到这个图案，大概也知道它的意思，这上面有几个字“芝仙祝寿”，说得很明白。怎么解释呢？你可以画这么一幅画，送给一位先生，祝他寿辰，直接从这些水仙、竹子、灵芝找出“芝”“仙”“祝”（与“竹”字谐音）。桃代表“寿”，整幅画是一个吉祥用语的直接反射，是中国人利用文字的巧妙的地方。“天仙芝寿”的这块太湖石，尤其是带有洞的石头，隐隐约约还有“寿”字那个样子。因为它是很耐久的东西，成为非常长寿的象征。

一个字是一个形，从这个形，可以通过它的音，转变到一个意思。媒介就是这些文字，如果没有这些字的话，就看不出什么意思了。这是非常流行的图案，常常在明清以来的传统装饰画上出现。直接用文字祝寿太不含蓄了，一幅这样的画，懂的人一看，就知道他是祝寿的意思。如果不懂的人看，就会如堕五里雾中，竹子怎么会跟水仙搞在一起呢？哪里有石头长根竹子，灵芝长在破树根上嘛！哪里会长在这么好的一个地方。这一切都不是一个自然生态的关系。

你们来解读这另一幅画，看看是什么意思？祝寿的图案为数最多了，其次就是富贵。这里的寿字在哪里呢？当年有个习用的象征是今天不太知道的，“祝”当然各位认得是“竹子”；这个“齐眉”，“眉”是以“梅花”来谐音！但是这个寿不容易找到，你非得认识不可，它已不再是个鸟了，它只是这个形状。这个形状的鸟叫作“绶带鸟”，因为它的名字有个“绶”字，“绶”不是那个“寿”，但是因为同音，所以这只鸟就被指定代表“寿”字。这幅画就比较容易懂了。

另一个常见的图案是“天仙芝寿”，雍正官窑瓷器中一种较常见的小碟子上，就是画这个图案。这里头还有个东西，各位不认得，这种植物会生红红的小果，叶子有点像竹，实际上不是竹，叫作“天竹”，这里取它的“天”字；“仙”当然是指水仙，“寿”是指那个石头，这个“芝”大家也认得了。

我给各位看这些东西，有两个意思：一个就是刚才解释的，中国的文字跟形之间的关系，另一个是如何由形来陈述吉祥的愿望。这幅图呢，从自然科学的观点也是非常难以解释的。猫跟蝴蝶，猫当然喜欢吃东西，不过它并不是特别喜欢吃蝴蝶。可是这种猫和蝴蝶在一起的图画，从明末开始，非常大众化，不但常常出现在民俗画上，而且很多玉器也是一只猫扑一只蝴蝶，这也是寿的意思。这幅画象征年纪实际上也没有多大，猫谐音耄，蝶谐音耋，“耄”的意思好像是七十岁，下面那个字是“耋”，意思是八十岁。以前活个七八十岁已经很了不起了，所以这幅画代表长寿的意思。中国传统建筑里的木雕装饰里的花纹、花样，大概都有类似的谐音的寓意。这些谐音画，一方面予人以非常幼稚的感觉，一方面却有隐喻的深刻内涵，有时不是文人还看不懂。它把万物通过谐音，都人间化了。一块太湖石，不只是瘦、漏、透的形状，而且是寿字的草书，因此想象空间非常广阔。

每个人都可以在物和物之间做解释，形与形之间做解释，每个人都可以因境因物说吉祥话。这也是为什么慈禧太后会有小李子这种人，有些人专门联系这些关系，把几样看上去破烂的东西，福至心灵，一连起来，就是一句吉祥话，非常漂亮好听，主子马上高兴起来。不会说话的人，好好的事经过乌鸦嘴，说得不好听，就出现难堪的场面。所以中国人的传统，每一个年轻人都得学怎样会讲话，会讲吉祥话，怎么因境因事而迅速反应，如果碰到一件不愉快的事情，想办法讲几句吉祥话，本来不愉快的事也变得愉快起来，大家都很高兴。会说这种话的人，升官发财很简单。各位若不懂这个意思，可以看看《红楼梦》。

以上谐音形成的吉祥图案，对建筑的整体来说影响不大，但是中国建筑是一种装饰的建筑，尤其是小木作，通常布满了雕凿的故事，即使是梁枋，大多非画即雕。在民间的建筑上，生动的图案除了历史演义故事外，即吉祥图案。中国传统建筑是满载着象征的建筑，不认识这些象征，就很难了解建筑的真貌。

谐音之外有形意的互通。我刚才跟各位说，因为文字的关系，产生很多联想，尤其是道德联想。在中国造园的植物里，就形成一个非常特殊的分类方式。大家都知道，我们中国人喜欢梅兰菊竹，将其称为四君子；若不考虑我们刚才讲的谐音的寓意，这些象征就很高雅了。“谐音”原则，老实讲，比较俗一点，可是中国明代以后的文化，本来就很俗。一般人基本上就生活在这种情景里。像这里所谓的“君子”，是士大夫阶级的一种精神生活，依靠另外一种标准；这个标准就是“形”跟“意”之间转换的关系。我们说喜欢竹子，因为它“中空有节”，中间是空的，这个“空”就是谦虚的“虚”。有节，这个“节”也表示“志节”的节，而且竹子很挺拔，这些形象就转变成一种人格的象征。这类象征，凡是牵涉到人格方面的，在中国都很重要。竹子，是所有中国人都喜欢的一种植物，也是最普通的庭园植物。兰花也是意思比较高雅的，代表淡雅的香味与形状。在国画里，最通用的题材是一块石头，一簇兰花，或者一块石头，一丛竹子，最通常的题材内容，暗示一种理想的、道德的人格。我给各位看这些东西，主要在说明中国文字的性质跟人的关系转化到环境上面，中国人实在都有因为它的形跟它的名称的声音，而产生某种连带的象征意义。以上大概是我应用中国文字跟形象的关系，来解释中国建筑文化的一些基本的原则。传统的中国人生活在文意与物象互通的象征世界中，今人如果不了解这些，即使进入到传统建筑环境中，也是无法了解它的。

文学的空间意象

下面我再谈点文学：文学的意象跟空间的关系。中国的文学，是由文字直接演化出来的一种高级的文化产物。中国人非常重视文字，同时也是最重视文学的民族。没有其他任何一种艺术超过文学，而且中国人认为其他艺术都是下等的，唯有文学是上等的。像音乐，因为涉及感官，音乐家在古代也是下等的，画家到了后来勉勉强强被认可了，建筑家当然被视为匠人。我讲这话的意思是，中国的建筑文化，尤其是在士大夫阶级，有相当大的部分是受文学的意象所控制的。

文学在我认为，有两个东西是值得我们研究的，一部分就是所谓累积的文学意象。我们中国的读书人几乎是在前代的文学意象的世界中生存着。从古代到现代，整个的想象空间受先代的文学意象的控制。我举个非常简单、大家都知道的例子，就是陶渊明的《桃花源记》，这几乎是一种已经设定的投入的境界。桃花源，每一个念书的人都在梦想的一个境地。这篇文章并没有把桃花源描写得很清楚，但是有很多想象的空间。这些想象空间，容你构想一个自己的桃花源；古代的画家有很多人画出自己想象中的桃花源。又如“竹林七贤”，其实，七贤并不是我们想象的，有七个人每天在竹林里过着闲淡的日子。事实是他们各有不同的生活经历，而且因批评时政被杀的时间也不太一样。可是因为文学给我们的意象，竹林七贤好像指竹林里的七个无所事事的闲人。像这种形象，有很强烈的文学性，对后期的造型、形象的创造，影响很大。当然对建筑体本身的影响不大，可是对环境的经营与园林设计的影响却很大。坦白讲，

桃花源

我也受这种影响，老是想要种一片竹林。又像陶渊明的“采菊东篱下，悠然见南山”，这种情景，代表一个非常超凡的境界，这种情境一直存在我们中国读书人的脑海里，影响着我们。后代的很多念书人自己设计自己的房子，设计出来以后，不是南山，就是竹篱，总是存有一个模式，来构筑他的精神生活环境。我个人近年来常提到情境的建筑观，就是从这种精神发展出来的。

有一个很有趣的例子，就是《兰亭集序》。《兰亭集序》讲到曲水流觞，竹林里头的一条小河，在小河里头摆些杯子随水漂流着，坐在旁边的人捡着杯子喝酒。这种事情非常难办到，不相信试试看。可是我们从唐代以来，历代都以这个题材入画，所画的景致也不见得一样，但是历代都把它具体化了，这些都是中国读书人努力地使想象中的高雅境界得以实现的结果。绘画的情景需要很大的创造力，给读书人精神很大的鼓舞。我曾想过，可能的话，查查实际上有多少古人构思过“曲水流觞”。在宫廷园林中，唐代以后，往往附庸风

曲水流觞

辋川图

雅，流杯亭是很普遍的。可是石刻的流杯渠到了清代就失去了情境的想象，成为生硬的图案了。

后期的这类文学意象也非常多，王维的《辋川图》常常被提到。《辋川图》因有张图，所以常常被引用。盖个园子，常常附会先代的一些风雅的例子。后世的《西厢记》或者大观园等虽闻名于世，却少人引用，因为后代的文学没有很强的空间意象。愈早期愈简单的东西，意象愈清楚，甚至于有人曾希望想办法把《赤壁赋》的感觉都重建出来，这都是因为在中国人的观念中累积了很多诗文情景，好像字典一样。而这个字典中的情境，释义上又有很广大的想象空间，它们都是画家们的题材。大家基于自己的经验，望文生义，凭想象力塑造一个具体的景观，所以使中国的环境创造里有很多运作空间。

在唐朝以后，中国的文学意象，有一个很重要的发展，非常成熟，就是开始产生完全没有逻辑的景观空间的组织方式。我的朋友叶维廉最早分析了这种中国文学的特质，那就是形象的重合、交叠所产生的诗意。举个例子来说，“小桥、流水、人家”，这里头没有逻辑却会浮现情景，这跟中国文字所激发的想象一模一样。乾隆皇帝在做皇家园子的时候就想弄这种意境。这种文学的意象，没有讲出来怎样的小桥、流水与人家，它们之间的关系如何；既没有形容词，又没有动词，可是大家好像都理解这是什么情景。三个东西连接起来，呈现一个生动的意境。“意境”这两个字是很奇妙的，中国人什么东西都讲意境。可是境在哪里？意在哪里？这几个东西放在一起，没有告诉你小桥是怎么回事，流水是怎么回事，人家是怎么回事，但是，对中国人而言已足够自然呈现一种熟悉的境界。一方面给你很大的想象空间，另一方面，并不需要有意的具象化，引起我们的共鸣，产生幽远、高雅的感受。意境也许就是呈现在意念中的境界，这种东西在我国诗词名作中非常多，例子不胜枚举。长远地说，也许这是中国建筑发展的途径。

文学中的空间观念

我想再跟各位简单谈一下另一个问题，就是关于中国文学中的空间观念的问题。有关空间观念，我曾经写过一些不成熟的文章，在此不拟详细说明。我的论点是每一个时代对于空间的体会跟了解，有相当大的不同，比如说，在唐朝，中国人的气派很大，念书人的胸襟与气势很壮阔，所以各位读唐诗的时候，感觉很雄壮伟大。这个空间观念直接影响到建筑文化，对于建筑本身的影响大概是在规模方面。唐人的建筑所剩无多，但自日本东大寺看到的例子，可知唐代建筑规模是可观的。我过去在讨论园林的时候曾说过，唐朝以

前中国人的气势很高，在空间的观念上，气魄很大，有一种俯视的空间观，是向下看的。诗词中的意境，多是假想你在高空向下看，视角是俯视的。观察景物的时候，先把自己抬到高处，然后向下俯视。唐朝的诗歌，就是这样，给人一种空间很壮阔的感觉。文字表达出来的，动不动就是万里、千里。各位知道，那个时候没有飞机，诗人完全靠他的想象力，把自己提升到一个很高的高处去观察景物。那时候，动不动就说风从天边来了。到了后代，诗人注意的是风吹叶子动，反而老是看那些很细致的景物。唐朝诗人看不到那片叶子动，他看到风很壮阔地从很远的地方，一下子由天山吹到黄河口了。他怎么看到的？这完全是庄子大鹏的气派，从视角的观点去了解空间观念。

在这里，我随便引用李白的一首诗《登新平楼》，让各位看看他的空间想象。

去国登兹楼，怀旧伤暮秋。天长落日远，水静寒波流。

秦云起岭树，胡雁飞沙洲。苍苍几万里，目极令人愁。

在这首诗里，有些景固然是登上楼所看到的，但大多是凭想象，如同飞越沙洲的胡雁一样，目极万里。

到宋朝以后，很多诗词拼命描写小院子、梧桐，园子里头的叶子、花朵；眼睛老是低着头看，甚至也不向天上仰视，整个心所下的是内省的功夫。所以江南的庭园是产生在这样一种精神状态之下。院落的围墙变成一个非常重要的空间分隔的元素，江南园林在我个人认为，是在宋朝以后才慢慢发展出来的。各位可以参阅我在《联合报》发表的几篇文章，后来都收在《风情与文物》的集子里。

今天也许再也没有强有力的文学来影响我们的空间观了，但是每一个有创造力的时代都有其不同的空间观，今天的建筑家要从哪里去寻找自己的空间观呢？是非常值得思考的问题。

以上是我这几年来思考的问题，分别把大要跟各位提出来。实际上，是希望借着讨论，也许可以给各位一点点刺激。我在这里再重申一次，我的目的是从一个广阔的文化的角度来观察建筑，认识建筑，进一步地追求未来中国建筑的方向。希望没有浪费了各位的时间。

第二编

认识中国建筑

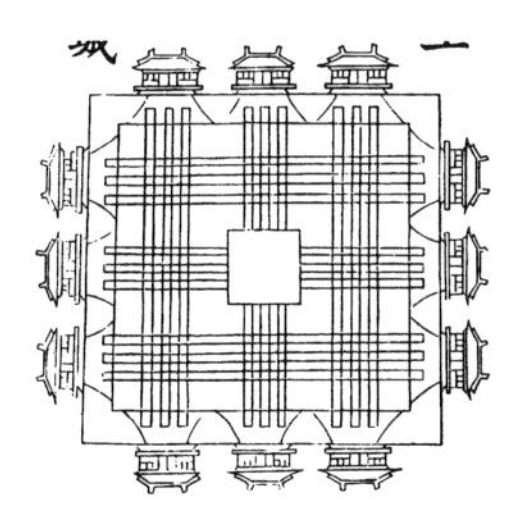

第一讲

人生的建筑

建筑是文化的具体反映，所以一个民族的文化特质不可避免地表达在建筑上面。在历史的研究中，建筑是很重要的工具，借以了解古人的特质与精神文化。建筑物虽然是实质的，但它所能暗示或揭示的，却包括了生活的全部。因为它不但反映了一个时代的技术与科学水准，那个时代的精神，当时的审美观念，而且忠实地记录了当时人的生活方式与价值观念。建筑是技术、艺术与人生的总合，中国建筑自然也不例外。

由于这样的了解，近代的建筑学者不再把建筑的研究看成是式样的探讨，而更严肃地看物质与心灵之间的交互关系，希望找出建筑上的象征意义。人生离不开建筑，所以大部分具有精神价值的物品都以某种形态联结在建筑上。根据我们的了解，古代的器物，包括艺术品，如果没有建筑空间的架构为基础，都显不出其文化上的光辉，只能沦为美丽的古董。西方人曾把建筑看作“艺术之母”，他们所能看到的，只是绘画与雕刻常附着在建筑物上，或以建筑为背景。其实建筑是生活的舞台，它具有广泛的包容性，岂仅艺术之母！

基于这样的观点，我们认为对古代建筑的研究，阐释其文化上的特色及精义，才是真正的目的。在过去，对古建筑的探讨多限于考古的发掘，对古迹的测绘与复原，甚至于对其艺术价值、技术成就的分析、了解或肯定，这些工作的进行，通常是与文献的搜求与整理互为表里的。所以在欧美的 19 世纪，考古学者对世界古文明的恢复、古文化的了解，成绩斐然，贡献卓著。在我国，对古代建筑的兴趣有限，早年为外国学者所独占。欧洲与日本的学者于清末民初从事了相当广泛的发掘与记录。他们一方面发现了石窟寺，另一方面就其足迹所至，记载了各地的庙宇、民房与民间生活之情形。

国人对中国建筑从事深入的研究是在北伐以后。1929 年中国营造学社成立，在抗战前的数年间，收获非常丰硕，建立了中国建筑学术的研究基础。国人的研究，基于本国的立场，是以正统建筑的脉络为主要对象。隐约间，中国的建筑学人希望建立起一部建筑的正史的架构。他们的努力相当成功，尤其在工程技术方面，他们翻印并解释了宋李诫的《营造法式》，并透彻了解清代官式建筑的构造，出版了专书。大陆 1949 年之后，这些学者与他们的学生仍在默默地工作，完成了不少考古与记录的著作，都是很有价值的，在大传统上写一部中国建筑史的时期快要成熟了。

本书的目的，并不是写一部建筑史，也不是要复述过去一百年来考古发掘之所得，而是使用他们辛苦寻觅并加整理的资料，予以文化上的诠释。反过来说，我们也希望通过对中国文化特质的了解，更深刻地认识中国的建筑，更生动地欣赏中国建筑空间中包容的生活。通过建筑与文化的交互对照，我们可以掌握中国建筑的意义。

本讲所要讨论的，是中国建筑的内在特质。这是思想层次上的探讨，以便建立后文的纲领，并免于枝蔓。所以本讲展布问题的方法是自文化的特质着手，向建筑面推展，以观念的印证为主旨，尽量避免涉及建筑的实际，只有在不得已时才用例子说明。

坦白地说，中国文化博大精深，非我所能在几千字内说得明白，我的办法是根据学者们对中国文化的分析所持有的共同的看法，表列出来，然后选择其中最重要的，而且与建筑在观念上可密切贯通者，予以分节讨论，供读者参考。挂漏之处难免，尚请不吝赐教。

首先我要为中国建筑下一个总纲式的定义。我认为中国建筑在本质上是“人生的建筑”（Architecture of Life）。试申述如下。

现代研究中国文化的学者大多认为中国文化是以人为本的，如果转到建筑上，也可说中国建筑是以人为本的。这一点非常合乎当前国际建筑学术界的潮流，然而这里尚有若干观念上的混淆，不得不先加澄清。

以人为本的观念在西方常常会被认为系人本主义，或人文主义的，英文写为 humanistic。我觉得中国的人本观念不能与西方的 humanism 混为一谈。所以我们不能把中国建筑解释为人本主义的建筑，因为这个字眼在西方人看来，是指文艺复兴时代的建筑，与我国建筑之间有很大的区别，其以人为本的观念是不相同的。

西方的人本主义，在学术上乃以古希腊、罗马的文化、文学、艺术为研究的对象。其主要原因乃求解脱于中世纪人性的沉沦与神权羁绊的困境，向古文明中求答案。在精神上，乃以人为一切度量之基础，所进行的一种有意识的反省。这样的人本主义，确实是“一种思想，一种力量”。这种思想流行于上层社会与知识分子之间，在当时，为执掌实际权势的教廷与贵族所接受，因此很快地改变了西方文明的外貌，为世界留下了光辉灿烂的文艺复兴的史迹。

在精神上，西方人文主义的思想是带着学院的色彩的，以建筑而论，不但当时最有影响力的建筑家，如布拉曼特（Bramante）、米开朗基罗、圣加洛（San Gallo）等人，在骨子里都是些书呆子艺术家，他们的作品有理论，有看法，有系统；当时亦造就了伟大的建筑理论家，如阿尔伯蒂（Alberti）、帕拉迪奥（Palladio）等，为后世西方的建筑学院传统，提供了理论的基础。一直到20世纪的学院派思想尚不能完全脱离他们的影响。

我强调这“思想”的事实，因为西方的人文主义建筑是有意识的，有哲学基础的。“以人为本”，乃以人的心灵与体躯加以扩大，作为空间建构的度量准则。这个转换的过程非常抽象，而转换的结果虽然非常具体地造成了空间与形式的改变，其精神的掌握亦仍然限于思想的层面。举例说，文艺复兴的建筑对于各部空间尺度的配比，常依自人体推演的比例，从事相当严格的组织。它们所代表的意义对于一般群众而言十分有限，毋宁是建筑家心灵的实现与理论的实践，是极端知性的活动。

我国的建筑也可说是人本的建筑，但是这种精神只是因为我国的文化是现世的，未受宗教钳制的，因此所产生的建筑不具有神权的严厉与威仪而已。它是没有思想基础的，所以无法与欧洲各人文主义建筑相提并论。

同时我们也不能把中国古代建筑与西方近代的“人本的建筑”混为一谈。西人乐道的“人本”，乃英文中human之翻译。人本与人本主义之差别，在于后者是一种思想与理论，而人本只是一个形容词而

意大利文艺复兴时期佛罗伦萨大教堂穹顶

已。事实上 human 一词应不应该译为人本是很成问题的，这个词的正确意义，只是有别于神与野兽的，或与人类有关的。用在建筑上，就带有强烈的功能主义的意味。

原来在现代建筑运动中有人道主义的色彩，反抗贵族、帝王的形式主义建筑，所以提倡经济适用的原则。后来现代运动受到挫折，在资本主义国家渐出现新的形式主义的风潮，思想家们大声疾呼，强调人本的重要性。到 1960 年代以后，“人本”的意义不仅延续了以“人道”为主的社会主义观念，而且增加了满足人类生活需要的含意。人的生活需要不只是物质的，而且是精神的；不只是个体的，而且是社会的。

所以“人本”虽然只是一个形容词，却是有理想，有目标的，那就是创造适合于人类居住而且尊重人性的环境。与人文主义比较，要实际而切近生活得多；它是现代社会、民主制度下的产物。它所反抗的对象主要是神与野兽，尤其是新时代的神与野兽：机器与超人的组织。人本的建筑是肯定人类尊严的产物。

很显然，中国古代建筑的人文性并不具备这样的内涵，亦无相同的背景。在中国的文化中，并没有对人与人性尊严特别重视，因而以人的福祉为主要对象加以研究的情形。严格地说起来，中国古代的建筑，并没有人的觉悟，因此就谈不上为生活而设计的观念，所以不能称为人本的建筑。

中国建筑是以人为主的，是没有理论的人本建筑。简单地说，中国文化在这方面一直保有其原始的、纯朴的精神，把建筑看成一种工具，一种象征。它既不是艺术，也不是科学，所以没有被念书人弄拧，它从来就是为生活而存在的。在历史发展的过程中，象征的成分越来越少，生活的成分越来越多，那是因为中国文化自生硬的礼的时代逐渐进入活泼的现世主义时代的缘故。中国人从来没有花脑筋在建筑应如何如何上面，所以正史上除了讨论礼制建筑出现咬文嚼字的情形外，建筑只如同空气一样自然地在我们身边，任我们不假思索地享用，它是我们生活之当然。

在这里人与建筑的关系，既不是以人为度量基础来支配建筑价值，也不是把建筑当作完成人类目的的工具，它们是交互影响而又互相尊重的。中国人从来没有认真地要改造建筑，造成式样的改变，却也不受建筑传统的过分约束，常适度地予以修改。因此中国建筑几千年来，就顺着中国文化的渐变而渐变，它忠实地反映了中国人的过去；知识分子怎样在世界上求心灵的安顿，统治阶级怎样展示其权力的象征，殷商巨贾如何追求生活的逸乐，都能表现在简单而几近原始的建筑空间架构上，真是世界建筑上的奇迹。由于中国的建筑真正与人生结合在一起，几乎不可分割，所以我认为比较适当的称呼是“人生的建筑”，以表示出与西方人文主义的建筑、人本的建筑，虽均以人为中心，有许多可以相通之处，在性质上是大不相同的。后文中当分别详细讨论。

我们要较有系统地了解中国文化与建筑的关系，最简单的办法是把中国文化的特质有关于建筑者，一一予以引述，并用建筑为例来说明。对中国文化的特质有研究并加以分析的人很多，他们的意见大致是相同的，虽然对中国文化的未来也许持有相异的看法。为求提纲挈领，这里并不打算详细引用文化学者的看法，仅选其要者，用为讨论的基础，特别是与西方建筑文化对比起来非常显著的一些特质。

宗教情绪淡薄

梁漱溟先生说：“以我所见，宗教问题实为中西文化的分水岭。”梁先生的说法相信是学术界所共识的。林语堂先生的一段话，简单平易，但把梁先生的这一观念，予以引申，道出了中国文化对宗教的看法。他说：

> 中国人文主义者自信他们已会悟了人生的真正目的。从他们的会悟观之，人生之目的并非存于死亡以后的生命，因为像基督所教训的理想，人类为牺牲而生存这种思想是不可思议的；也不存于佛理之涅槃，因为这种说法太玄妙了；也不存于事功的成就，因为这种假定太虚夸了；也不存于为进步而前进的进程，因为这种说法是无意义的。人生真正的目的存在于乐

天知命以享受朴素的生活，尤其是家庭生活与和谐的社会关系。

林先生的这段话是指知识分子说的，他称之为“中国的人文主义者”，自然不能应用在中国人的全部。但是这种思想虽然并不能完全灭绝佛教，却可逐渐把佛教的教义软化，慢慢变成民间迷信的一部分，所以到了明清，知识分子再也懒得去与佛教争论了。这种思想也不能完全消灭读书人自己对功名利禄的追求，却可把他们的锐气磨掉，使他们很容易在功名的追求中急流勇退，因为竞争是很激烈的。只有一点我不同意林先生的看法，那就是“乐天知命”与“享受朴素”只是一种理想，在中国传统知识分子的生活实践中是很少兑现的。

我为什么要指出这一点呢？因为在我看来，“乐天知命”与“享受朴素”也是一种宗教。中国人相信的是肉体的与现世的人生，不相信任何一种理想，对自己不做任何牺牲，所以孔夫子要说“五十而知天命”。要到了衰老之年，觉得在功名富贵上没有希望了，才开始乐天知命，才享受朴素的；它并不是中国人固有的信仰。

中国人没有宗教意识，对建筑有什么影响呢？

没有宗教就没有纪念性艺术。建筑是一种纪念性艺术，与宗教息息相关，失掉了这样一种精神上的支柱，建筑在文化上的象征地位就不能与西方相比了。

我们知道西方的建筑史，几乎等于宗教建筑史，在西方的历史上，自埃及、古希腊，经过欧洲文化萌芽期到19世纪，建筑上的重要结构几乎完全是寺庙或教堂。在西方文化中，人的生活是不重要的，崇拜神、荣耀神才重要。中世纪的石造大教堂在今天来看，仍然是技术上的奇迹，常要历百年以上，当地百姓数代的心血来完成，而百姓自己的住处则为土墙之茅舍。这是一种怎样的牺牲？西方的建筑是文化力量集中的表现，是他们文化精神之所系。

如果回头来看我国的建筑史，可见宗教的功能居于次要地位。佛教东来以前我国是没有宗教建筑的，只有礼制建筑。宗教建筑最发达的时期，就是六朝至唐代末年，正是佛教最兴盛的时期。这段文化，包括了我们引为自傲的大唐盛世，实在是受外国文化影响最重的时代，在精神上也是最具有国际性的时代。晚唐武宗灭佛之前，我国的建筑确是以庙宇为主，今天遗留下来的少数宋前的建筑，如五台山佛光寺大殿，表现出内在的宗教精神，为后代所不及。与建筑有关的纪念性艺术——雕塑，大体上也兴盛于这段时间。南北朝初年自域外传来的石窟寺及佛像，经北魏、北齐，至隋唐而成熟汉化，到唐末也已衰微。宋元以后渐失去其肃穆、庄严的宝相，沦为民相，失却主要艺术之地位了。

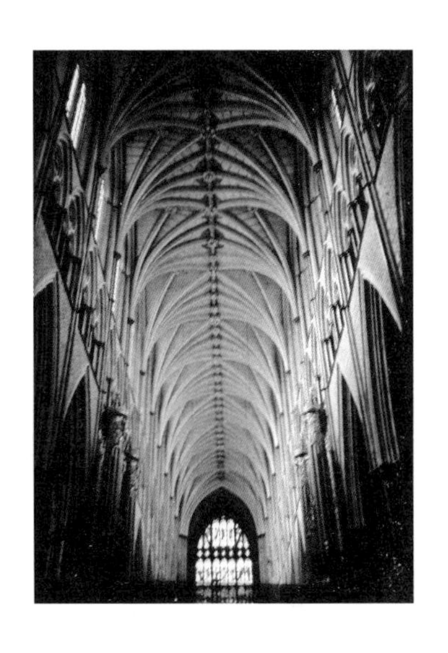
欧洲哥特式教堂室内

中国文化的本质即使在宗教意识较强的时代亦持续成长着。六朝是产生山水画与诗的时代，至唐宋而大成。悠游于“山水”的观念反映了中国人对宇宙与人生的看法，所以严格说来，宋代以后，中国的特质才完全表达出来。

由于这样的精神特质，中国的宗教建筑始终没有突出于人生之外，造成一种超世的形式与威严的气势。中国庙宇在规模上不但无法与皇帝的宫殿相比，甚至无法超过地方政府的衙门或官员士绅的宅第。不但在规模上如此，在建筑的格局上，在外来的塔的地位自宋代消失之后，与居住建筑也没有事实上的分别。因此庙宇中除了香烟缭绕之外，与住宅实在同样地亲切，我们一直没有发展出一种森严而神秘的建筑环境。

西方的庙宇最早也是自住宅形式发展出来的。庙宇形式成熟之后，虽经过古希腊、罗马、中世纪的一千多年的变迁，甚至自异教改变为基督教，庙宇改变为教堂，其基本形式却是一直向前发展的，那就是一个长方形的厅堂，自短处进入，入口与神龛的距离甚远。建筑的空间则阴暗而神秘。西方人在建筑上竭尽心智就在于创造一种令人类望之弥高，感到自己卑微弱小的空间，以便虔诚地匍匐在上帝的面前。他们的教堂最早是坐西向东，后来是坐东向西，其目的在捕捉朝日与黄昏时刻的神秘感。而他们的住宅，随着文明的演进，就自短向进入改为自长向进入的长方形，追求生活上的便利，与宗教建筑分道扬镳了。这一点与我国的宗教建筑始终与住宅建筑采用同一形式，确实反映了文化精神上的差异。

除了建筑的形式与格局之外，宗教的精神反映在对时间的态度上，这一点就不限于宗教建筑了。宗教之精神力量乃发生于关乎生死的生命价值观上，由于人生中“生老病死”的自然现象，对人类的存在一直有一种无形的威胁，而人的行为又为无法控制的强烈欲念所支配，两者加起来，就是悲剧的感受。生存在这样的感受中的人类，不免时时为空虚与绝望所包围，时时生萧瑟凄凉的悲愁。西方的悲剧是这样产生的，他们的文学与艺术也是这样产生的。所以有人说，西人的艺术若不是神就是性，乃是在生死之际与爱欲之间找人生的意义。

这种宗教的特质在建筑上表现出永恒感的追求，这就是纪念性。具体地说，纪念性是一种献身，把自己的生命雕铸到建筑物上，那就是不计成本，不计岁月，用最坚固的材料，刻画最细致的纹样，建造最牢固的殿堂，以期千秋万世。欧洲的教堂常常要花几代的时间，耗掉几个世纪去完成。这座教堂不但是个人生命的投注，而且是整个家族数代生命的投注。注入生命的建筑予人的感觉自然是超世的与悲壮的。

永恒的感觉在中国文化中是不存在的。我们不相信永恒，却承认生命必然要消失。“寄蜉蝣于天地”，认识生命的短暂而接受这一事实，是一种智慧。生命是有涯的，时间是无涯的，永恒的追求是一种愚蠢。抱着这种态度，如何会把生命投注在无知无感的建筑上呢！

中国人了解只有生命才能延续生命，所以我们重视后代的延续，注重家族的繁衍与兴盛。建筑只是一种生命中的工具，它并不足为人生永恒价值之所寄，它只是在此一时间、空间中我们赖以遮风蔽雨，过一种和谐的社会生活，并满足我们心灵需要的器具而已。在时间、空间改变后，这一切都不存在了，中国人了解变动不居的道理。

所以中国建筑没有尝试使用石材，也没有认真地使用砖为建筑材料。事实上我国很早就发明了瓦，到汉代，制砖的技术甚至有空心砖的发明，毫无疑问是领先当时全世界的水准。在汉代，我们有相当成熟的砖拱技术，使用在墓室的建造上。在南北朝期间，石作技术大有进步，到隋代，石拱的技术已炉火纯青，绝非当时的欧洲所可望其项背。然而中国人没有把砖石这种较耐久的材料使用在建筑上，使我们今天几乎无法看到古代建筑的状貌。

木材的寿命是短暂的，几乎与人的寿命相当，因此建筑的生命似乎应合于人生的悲欢离合。当人生立于成就的顶点的时候，建筑就丰盛地成长，红门绿瓦，千窗万户，呈现出一片欣欣向荣的气象。当人生的气运衰败的时候，建筑不会像西方的石屋，屹立无恙，漠然地注视着世态的转变。它们是有生命的，自然就随着主人衰败了。建筑是自然的一部分，在一代之间可自极盛、倾圮、腐烂，归于尘土，板桥的林家大宅就是很好的例子。

也没有中国人认为应该耗费太多时间等待建筑的完成。中国人认为“十年树木，百年树人”，对于建筑，我们希望其立刻出现，表

古希腊帕特农神庙

古老建筑的倾塌

现得急躁而无耐心。因为它是我们享受生活的必需品，我们是迫不及待的。李梅树教授在台北县三峡祖师庙上用功二十余年仍未完成，证明他是一位受西方教育的教育家，要为自己留下永恒的纪念。

对于中国人而言，一座古老建筑的倾圮是天经地义的。旧的不去，新的不来，古老的建筑如同一件破旧衣服一样，并没有保留的价值。老成凋谢，令人惋惜，然为势所必然，不如以愉快的心情迎接新的一代。所以我们的文化是主张“除旧布新”“推陈出新”的，所以古老建筑的保存对中国人而言，是陌生的观念。

其次，宗教的精神亦反映在处事的态度上。

西方的宗教精神是一种牺牲的执着的精神。在处事的态度上则表现得认真而一丝不苟。这种精神反映在建筑上，是庙宇、教堂建筑的奇迹。公元前 5 世纪雅典的帕特农神庙，在建筑上所下的精准的功夫，甚至达到了眼睛觉而不察的程度。各部分比例的配置除了达到极端和谐之外，甚至超过数学的精确性。其构造的一丝不苟，石刻线条的曲率，各石块之间的无灰浆连接，各柱头雕刻间的完全一致，即使今天的技术也不容易做到。所以本世纪初，法国建筑大师勒·柯布西耶曾将帕特农神庙与汽车相提并论。帕特农是一个最好的例证，说明古希腊的人本文明有高度的悲剧性，因此蕴含着宗教的种子，与我东方文明大不相同。

到了13世纪的哥特时代，欧洲的基督教文明完全成熟。这时候的教堂建筑的设计与建造，至今亦只能视为奇迹。在技术上，完全的小型石块刻削堆砌，建造成十数层楼房高的构造物而能玲珑剔透，与中国的象牙球雕一样的精美绝伦，是结构学与手工艺的难以逾越的纪念碑。

这种投注生命的、表里如一的执着精神，只有中国士人所乐道的"慎独"的功夫可与相比。但是慎独只是一种修身的观念，并没有具体的表现，是内省的。西方人把这种精神表现在建筑物上，在上万块的石块中，有任何一块割切得形状不准，或有所损伤、破裂，就会影响整座建筑的外观及其安全。大家努力的目标，甚至数代相传的神圣使命，依赖每一匠人认真负责，内外如一的处事态度，是十分明显的。这是西方人工业化的精神基础。

中国人并没有这样的精神。尤其在唐宋之后，我们的宗教不过是"举头三尺有神明"的观念而已。俗世的宗教，以严格的定义来说不能成为一种宗教。京剧《奇冤报》的故事，可以清楚地看出中国人的神、鬼、人的关系。神不是一种抽象的力量，只是一个公正的人际关系的监护者而已，是非常实在的。

因此中国人敬神不必自精神上下功夫，要拿出事实来。要积阴功，以修来生下世，必须有具体事实。至于今世的祸福，最为民间所关心，我们的神，有求必应，但要物质的贿赂，香烟、纸钱、三牲供祭才成。像《奇冤报》中的张别古一样，没有钱得不到城隍爷的照顾，只有诚、信是不够的。

神既然是可以贿赂的，神的殿堂只要在外表上富丽堂皇，使神感到气派十足就可以了，它只是一些很难伺候的大家长而已，至于建筑本身的精神价值是不存在的。这是胡适之先生认为外国人才有精神文明的真义所在。建筑的从业者们也有一些原则要遵循，建筑的工匠也有认真工作的必要，但那都是基于工匠的传统，代代相传的建造技术的口诀；是方法，不是敬业的精神。所以早在宋代之前，我们就有了建筑手册式的著作，如已失传的五代喻皓的《木经》。而北宋官方就产生了世上第一部建筑技术著作——李诫的《营造法式》。严格说来，这部书不是科技著作，仍然是一种手册：是经验累积与整理的结果。在失掉了精神的鼓舞与推动的时候，就产生技法的则例，使建筑完全形式化，进而僵化。没有口诀与手册，连建筑的安全都成问题了。即使在有口诀相传的匠师，建筑的构造工程品质并不甚高明，所以日本人伊东忠太到北京故宫研究时，感觉中国建筑只能远看，不能近观。

近年在古迹维护的浪潮中，国人谈到古代的建筑均不胜向往，甚至认为是工程的奇迹，这是错误的。我国的建筑，在技术方面是服役于人生的，一直没有为技艺而技艺的宗教精神，故除了发展出一套通用的结构系统之外，并没有特别的建树。边远地区如台湾，早期的建筑技术十分粗糙，并欠坚固，这是我在彰化、鹿港的古老建筑的修复中所亲身经验到的情形。

家族至上的观念

中国文化以家族为本是尽人皆知的事实。自家族的观念发展了伦理的观念，因此中国人的行为准则也是为了维持家族的明确、完整的秩序而设计出来的。所以梁漱溟先生把中国人的伦理看作西方宗教的代替系统，是大部分学者都同意的。林语堂先生甚至把中国的家族制度当作融合外族的法宝。所以重家族与轻宗教是一体的两面，反映在建筑上是互相补充的。

在最近的一篇论文中，杜正胜先生研究中国传统的“家族与家庭”，以古代每户人口与家庭组织成长为手段，可说是新的方法。他的结论是“学界一度流行中国是大家族的说法，并不正确”。这几乎对我国家族的制度提出疑问了。杜先生的文章很令人钦佩，但文中只讨论了家庭，对后期的家族没有涉及，所以他的结论不足以改变学者们的信念，如果以建筑来解说就很清楚了。

比如台北板桥林家的大宅是家族的象征，在初建成的时候，无疑表示林家是一个大家庭，所以这座宅子代表大家庭的集居方式。但经过若干年，家庭就分解了，宅子仍然是大家庭的格局，却为很多小家庭所居住。如果以户口登记的资料来看，并没有反映林家大宅为一家庭的意义，因为这时候，这宅子已经是家族集居的空间了。到后来，家族繁衍，乃至外迁，其居住的意义低落，就成为一种象征。所以以财产与生活为单元的家庭，与家族制度似乎并没有太大的关系。家族集居是中国人的理想，它反映在具体的建筑空间上。

家族主义反映在空间上的第一个特点是其内向性。

由于家族的本质是以族内的独立与完整为最高原则，其空间的

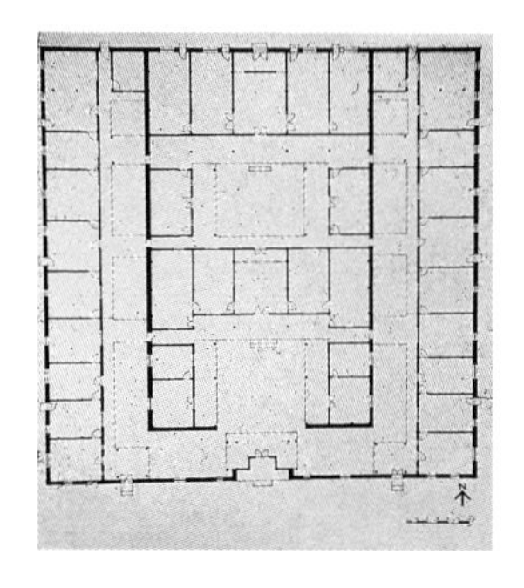
台湾麻豆林宅平面图

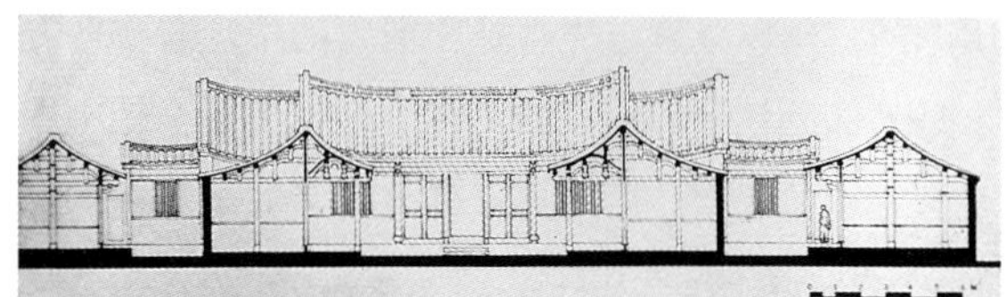
台湾麻豆林宅剖面图

图式是向心的，不希望受到外界的干扰，也不希望干扰他人。这种精神反映在家庭单位上，所以不论其家庭之规模大小，均有一院墙，形成独特的院落型居住建筑形态。

事实上院落住宅是家族主义的象征，并不限于我国。在古希腊时代，家庭为重要的社会组成单元，故有家火延续的传统，为家族的象征。所以受古典传统影响的欧洲地中海一带，一直倾向于院落住宅。院墙用以别内外，其重要的因素为妇女在家中的地位。妇女为传宗接代的工具，为了维护家族系统的纯净，妇女的贞操被视为神圣不可侵犯的道德戒律。为保持其德操，不准抛头露面是家族社会共有的律则，至今中东地区仍然严格执行此一禁条。院墙的另一意义就是妇女的牢墙。

院落在我国住宅的特殊意义，乃家族为我国社会持续的，且仅有的社会组织单元。西方社会自古希腊开始，在家族之外即有更高的团体存在。在城邦时代，居民作为家族的一分子渐渐不及作为市民之职责为重要。演变至后世，家族的意义就被公共的组织所取代了。而在我国，以孝的道德为优先，即使政府的取才制度，亦视其对家庭责任之是否完美而定。故有“忠臣出于孝子之门”的古训。必先齐家而后能治国的观念一直是读书人奉行的圭臬。

由于院落的形成，我国传统士人在行为上更趋向于内省，所以正心诚意的修养过程与安静的院内空间构成不可分割的关系。反映在汉代的画像砖上的住宅空间，已可看出院落即天地的生活观念。主人端坐于正屋的中央，面对院落，表现出心灵的与世俗的活动集中于院落的形态。这一点就不是西方院落所能兼具的特点了。

西方的院落，不论是早期的住宅院落，或后期因都市空间狭隘而形成的院落，其共同特点乃院落为一种功能的存在，其功能之一为前述之男女之防。后期之功能显为一内部的开敞空间，有多种用途，举其要者，如采光、通风。文艺复兴时代，大宅中多有庭院，四周绕之回廊，以供交际活动之用，为求较愉快且具私密性之生活空间，亦近乎交通广场之作用。至后代，院落几完全为采光井之性质，大体上，四周空间之安排，没有明显的向心性。大部分院落因袭古希腊的原则，甚至没有几何上的完整性，建筑物通常偏居一隅，院落只是剩余的空地，用院墙围绕而已。

我国传统的住宅则显然以院落为主，院落不但方正，而且铺砌整齐，通常较室内为低，其四周之建筑均面向此一空间。在居住建筑中，这院落通常不会超过五间之宽度，如果房间之需要量大，则宁建第二院落，以保持空间之向心性与适于居住之人间尺度。不但如此，建筑大多进深为一间，以便使所有空间均与院落相联结。说中国人面对院落，求生命之安顿，并不为过。在我国，不论在城市或乡村，其景观

台南传统的住宅院落

台湾澎湖三合院

多为连续的围墙及院墙之间所形成之巷弄。我国的聚落为一些内向的家族集居单元的结合，在这些单元之外，公共活动的空间非常缺乏。

家族制度影响于建筑的第二个特点是秩序性。

由于我国家族特别重视伦理观念，这种秩序性就是礼教的具体反映，是世界任何其他民族所不具备的。伦理的秩序是什么？是尊卑、长幼之序。世界的文明国家中，只有中国人把社会的秩序具体地用空间表达出来。为什么中国建筑会保留了原始民族的象征性呢？也许中国民族是率直而朴实的，喜欢直接为空间订立“名分”。也许中国是爱好传统的民族，一直不肯放弃古代所留下来的制度，却把原始的礼法予以神圣化。总之，我国的建筑并没有在根本上自原始的象征中蜕变出来，而只是披上了层层的文明的外衣，使象征更加鲜明而突出。

中国建筑讲究主从分明。主房位于院落的中央部分，特别高大或富丽；次要的建筑分列于两旁，如同帝王上朝、群臣列班一样，左上右下。主房的后面则另成院落，为主人长辈的居室，房屋虽然高大，其外观却不突出，表示辈分虽高，却非一家之主的意思。在非常大的邸宅中，常有甚多之院落联结而成，然而自每一院落单元的位置与规模，即可看出主屋之所在，推断家庭之各成员应该居住之位置。我国古代之大家庭，妻妾、子女众多，建筑与位分之关系表明了各人在家族中之地位。

如果以欧洲宅第比较，更可看出象征性建筑纲举目张的特点。欧洲中世纪的宅第大多为城堡，造型奇特突出，然而建筑的外观却无法反映内容主从的关系。至文艺复兴，宫室建筑走向整齐之秩序与均衡对称，渐与我国建筑有相近之处，但仍然无法自外观看出帝王居室之所在。凡尔赛宫，建筑规模庞大，除教堂因屋顶仍有中世纪色彩易于辨别外，其余则为千百个相连之房间所形成之迷魂阵而已。18 世纪以后的英国宅邸，采取对称之配置，亦有明显之两厢，但细查其内部功能，与外形竟不相关，显然为纯形式之设计，与我国内外一致的象征性建筑在精神上是南辕北辙的。

这种以伦理名分决定的秩序，使中国传统建筑成为维护礼法的工具，在两千年间未能发生显著的改变。近来虽有学者研究家庭组织的演变或妇女地位的浮沉，但各代社会的事实并没有影响家族的理想，因此建筑组织的秩序虽愈近后代要求愈为严格，在基本精神上却是一脉相承的。我国文化史上没有革命性的改变，所以建筑也没有西方历史上那种样式的改变。同时，在建筑上的创造力也受到礼法的限制，没有得到开展；直到明代以后，这种创造力找到了一个漏罅，那就是园林艺术。因此在后期的中国建筑里出现了住宅与园林并存的双重性格，恰恰与后期的读书人兼有儒家与老庄的信仰一样。然而园林究非建筑之主体，中国儒家的伦理观始终是国人居

住环境秩序的最高原则。

家族主义在建筑上的另一个决定性特色是生物性。

生物性在这里所指的是家族有机的多变的本质。家族要生殖绵延的，自纯生物的观念看，一个家族的成员大多因繁衍而增加；但亦可能因缺少儿女（或无儿子）而衰微。家族的成长与衰微都直接影响建筑的存废，这一点是必须加以解说的。

一座建筑的建立，通常表示该家族在某时期发展成功之规模，这是中外社会共同一致的。外国虽亦有家族观念，甚至亦有家谱以联系并追溯先代祖先的功业，但却不视家族为一有机体，所以大多采长子继承制。这种制度使祖先的基业可以稳固地传流到后代，但却也限制了家族核心的规模，以守成为已足。我国是采取诸子均分的继承制度，在观念上，我们肯定了子孙繁衍权利均等的价值，但却容易丧失家族核心的持久性。

建筑是静态的容器，它既适当地容纳了某一阶段的规模，很不容易适应有机性的变动，所以在西方国家，祖先的建筑永远成为家族的象征，且可保持数百年不变。而在我国，一个宅第的寿命常是十分短促的，家族在变动中，为适应自然的成长或衰亡，建筑就如同蜕壳一样地被遗弃，或被挣脱了。当一个成功的家主开始造宅时，必然已近晚年，他为他的家庭策划兴建满意的住所后大多不出二十年就离世而去。由于没有长子继承制，他去世后，必然出现多家长的局面，除非诸子之中有表现突出、在事业上有显著成功者外，家族势必分裂为若干小家庭，虽然在家族的事务上仍可听从女性长辈或远房族长的约束。建筑的规模原是与当年的财富相配的，分家以后，各家的财富减缩，家庭开始没落，建筑的规模已不相称，建筑体受到忽视或破坏乃为必然之事。这就是台湾传统的大宅多为后代分户持有而听任其倾圮之故，这些大户建筑已到了被遗弃的生物脱壳的阶段了。

家族的有机变动，亦可自社会的角度看。中国自古以来就是社会流动比较大的民族，布衣卿相一直传为美谈，而且为社会各阶层所崇信，这情形在宋代以后是有相当的正确性的。在有机的观念下，下层的民众通过自己的努力与政府的考试制度，可以得到权力，享有高位；上层的社会亦可能因怠惰疏忽，或违反政府的规章，而失去权力，回到农民的行列。建筑是家族的象征，如果家族的生命变动不居，建筑是没法做弹性的适应的，所以建筑本身就具有生物性，随家族的浮沉而存废了。

传统的家庭都希望自己的儿子中有能出人头地的角色，尤其在政府中出任要职。由于政府的职务是制度中的一部分，出任职务可以得到皇家在象征上的特许，而且可以为祖先争取封号，所以若有

台北板桥林家大宅

此机会，必然要建房舍。国人在对后辈的期许向有“光大门楣”之说，足可证明建筑的象征是视家族的兴衰而变动的。而当一个家族因成功的一代而新建住宅时，又可预期后日的衰微了，所以自古以来的诗人墨客无不发沧海桑田、人生若寄之叹。

我国传统在生物性的家族观念中，承认了兴久必衰、衰后有生的道理，一方面寄厚望于子孙，同时信奉命运之说，所谓“尽人事而听天命”。这一点与宗教信仰之淡漠因此缺乏永恒感的追求，原是一体之两面。在建筑上，国人亦认为系一代之事业，所以并不介意其寿命之短促。建筑是随同家族与人生起伏而兴衰的，而永恒的生命只有子孙繁衍有成。因此家谱十分重要，建筑不过是过眼烟云、红楼一梦而已。

纯自技术的层面看，中国传统建筑也是有其生物性的。我国的住宅，随着家庭的兴衰，可以伸展与收缩，并不影响建筑的存在。由于伦理的制度是普遍的，是各家族所共同遵奉的，所以住宅转手，只要略加剪裁就可适用。自这一观点看，我国建筑虽无永恒的定向，却有永恒的事实，它是可以演化的。每一座住宅，每一处园林，都有它自己的历史，成为地方发展演变的证物。

试以江南的名园为例。大多的江南名园自宋代即已存在，并传之史册，其间不知见证了多少家族的兴衰离合；而转入名家之手，必予修护、增添、修改，使之再现盛况。历经数百年，名园依然，其建筑却经一再蜕变，不复当年状貌，其变化本身就是一首史诗。若干园林，见于抗日战争期间撰写的《江南园林志》中的实测图样，与见于《苏州古典园林》中者，即有显著的改变，其间不过短短的三十几年而已。

对于一般民众的住宅，其有机性更为显著。由于建筑为单元之组合，其最小之系统为三间住屋，组合为三合院，形成最小集居环境；其成长过程，常常是单元之增加，或院落之增加。对于发迹的鼎食之家，可以不必拆除祖上的老屋，径于邻近增建更富丽堂皇的院落单元。这种情形可以板桥林家花园的发展为证。台湾乡间之住宅，当成长时，核心部分可以保持不变，而增建多层之护龙，以代替大陆式的院落。当其衰微，可以逐渐放弃院落单元，收缩到开始时之规模，仍能保持家庭组织的基本形态。

现世主义的生活

现世主义与宗教精神的缺乏是一体的两面，因为没有宗教的信仰，其生命的主体就要在现实世界中找安顿。我国自先秦时代就否定了宗教，因此以今生今世为生命修为的目标，已经是儒家教导的人生原则。人的存在是为人群而存在，为家族而存在，圣哲的教训，四维与八德，不过是把人的生命的意识落实到群体的价值上，以免流于原始的兽性泛滥而已。我国用道德、艺术来代替宗教的功能，确实是有必要的。

以西方文化的发展看，是自混沌的原始的神话时代，进步到系统分明的、有行为约束力的宗教时代，然后才迈进以人群关系为主并尊重人的人文时代。根据梁漱溟的说法，中国文化没有经过第二阶段，就直接进入人文时代了，所以他认为中国文化是早熟的。中国之所以没有科学，也是因为文化过分早熟之故。他的说法是非常正确的。

若完全依照儒家的教训，则虽无宗教，人的行为仍然受到宗教性的约束，现世主义的条件尚不算完备。人性被困在神的意志之中固然得不到发展，受严密的人群关系的约束，同样得不到伸展。所以我国传统社会虽没有宗教精神，仍然有欧洲中世纪那种保守与落伍的特质，所以五四运动时代的知识分子才有打破礼教社会的号召。

然而中国传统文化绝不是欧洲的中古文化，就因为我们两千年来在礼制的严密外表的下面，保存了人性的活力，而且很肯定地承认了人性的存在。先秦贤哲以讨论人性为最热烈的话题，可为明证。他们对于人性虽然有很高的期望，定有很高的标准，但他们却也承认人性的弱点，同意“食色性也”。他们不但同意，而且不觉得物欲是不道德的，只是其取得满足的方式，不可破坏社会的规范而已。他们也了解世上没有完美的人，犯错乃不能避免，因此主张恕道，以便推己及人，容忍错误，体谅弱点。由于圣贤们这种非常切近人性的教训，虽然社会的制度是严密的，却也是松弛的，有时候简直是纵容的。我们没有“异端裁判”之类的严厉的行为以约束思想行为，所以中国的人性就在这种外方内圆的情形下发扬出来了。

这种现世主义的态度，到了后世，就发展为中国人的民族性，使中国人成为世上最懂得生活的民族。林语堂可能是现代作家中最能领略中国文化现世精神的，他把中国人“圆熟”的生活态度观察入微地表现出来，使我们体会到，现世主义就是一种生活上的自然主义。我们简直可以说，这就是中国人的宗教。

我们确实把自然的生活宗教化。老庄的思想是促成中国人现世主义观念与自然主义精神的根源，然而发展到后世，就被宗教化为道教。自哲学的层面看，道家宗教化是一种堕落，但自生活层面看，乃是把思想家的高超的理论，落实到一般大众可以了解、可以实践的程度。现世主义表现在中国人的性格上，有三个特点，表现在建筑上，在此可以阴阳两仪的图像来说明。这个图像为世界公认是中国文化的独特表征。看这个图，可以感到其对立性；因为它是由黑白两种性质相反的要素所组成。然而在承认其对立性的同时，又不得不承认其交融性，因为黑白两端都没有单独存在的意义，两个对立的因素是相辅相成的、缺一不可的关系。觉察到这一点，立刻就觉悟两极璧合乃形成为一体，是具有整体性的。这两极各代表的意思呢？在这里，我把它看作人性阳刚的道德的一面与阴柔的自然的一面的对立与交融。

这种内在对立的人生对建筑有什么影响呢？

那就是在生活环境上，代表社会秩序的一面与代表自我的一面并立存在。只有中国人在正式的人际关系中，表现了极端的节制，而在非正式的生活中，表现了极端的放纵，两者可以同时被社会所

阴阳两仪图像

称赏。知识分子狎妓也被视为韵事，乃风流儒雅的表现，为大众所赞羡。林语堂先生曾说，中国人都兼修儒道，能做官就是儒者，不能做官就是道者。其实在日常生活中，中国的知识分子每天都经历几次精神状态的转换。在父母、子女面前是儒者，在妻妾近朋之间又是道者；在前厅之行为是儒者，在后院之行为则是道者了。要妥当地安排这种生活的对立性，建筑空间负担着重要的责任。

所以外国人没法了解中国的居住环境何以缺乏统一性。统一（unity）是西方艺术观念中的最高原则，一件艺术品必须有某一种精神贯彻其中，才能呈现最高的和谐。在我国空间设计中，则经常出现矛盾。其实矛盾是不存在的，只是正式的生活空间与非正式的生活空间的并存而已。

以庭园空间为例。在西方觉悟到户外空间是文艺复兴以后的事，当他们把生活推展到户外去的时候，他们的设想是户内空间的延伸。那时候，上层社会的理想乃基于古典的文雅与秩序，故建筑的内部是有严格的几何架构的。把这种精神伸展到户外，自然地创造了西方的几何式庭园，因此户内户外是有其统一性的。国人不了解西方庭园，所以常作尖酸的批评，是不厚道的。

法国舍农索堡园林

也许有人说，西方自 18 世纪受中国文化的影响，产生了英国式的自然庭园，这种庭园岂不是不能统一于西方建筑吗？不错，但中国的学者多半不能了解自然庭园产生在英国，乃自英国本身的文化土壤里生长出来的。英国重乡野的文化，自然庭园的产生乃视为乡野的延长，并不是建筑户内空间的延长；所以其规模甚大，甚至可供驰骋，只是建筑的背景，而不是建筑的一部分。与宫廷建筑联结的庭园，还是采用几何形的。

到了现代，西方建筑产生有机主义思想，落实到个人生活的建筑环境，如赖特（Frank L.Wright）的作品，要回归自然。然而他的自然是大自然，人造庭园的意味降低到最低点，而建筑完全从属于自然，秩序的观念却被抹杀了。这也是统一，是统一于自然而已，与文艺复兴的观念针锋相对，骨子里却完全是西方的。有人把这种发展连上中国建筑精神，是完全不妥当的。

中国建筑的精神是生活的，不重视理论，因此也不被视为艺术，它直接反映了我们生活两面性的性格。我们的居住理想中包括了“后花园”，这里不需要均衡、对称、礼典、规条，而表现出任何文化所没有的任性的特质。沈三白在《浮生六记》中所描述的生活及其环境，实即明清士人的理想。中国人的后花园虽然是自然式庭园，这“自然”的定义并不是乡野的自然，而是以自然为幌子表达了心灵不受约束的状态。明清的庭园与缠足的女人一样，代表一种刻意的生活的放纵与绮想，《红楼梦》中的大观园与发生其中的故事可以充分说明这一点。在这里，甚至风水的原则都可以不要考虑，“天文地理”都暂时停止作用。

台北县板桥的林家花园就是这样一个充满遐想的所在，其中的

清代《红楼梦图咏·黛玉》

亭子极少为方形，尽了出奇之能事。在回廊路线上，出现人造的洞穴、山岩等，也有树屋之类的怪异建筑。花园并不是中国园林之正统，但却代表中国园林发展之末流中所特别着重的幻想成分。林家花园是一座花园，同时也近乎儿童乐园。在当时，这是成年人的乐园，与三落五落大厝的严肃工整成为显然的对比。

这种内在的对立如何融合在一起呢?

说起来，又是中国文化的一大特色。中国人的生活中充满了天然的矛盾而不以为怪，因此有一种不易度量的包容性。中国对文化的吸纳力事实上是这样产生的，没有单一的理想，没有内外一致的宗教性压力，就自然展布出雍容大度的气象。外国历史上产生残酷的宗教战争，对我们而言是不能理解的，我们的文化早就可以容纳各种宗教。我国历史上“灭佛”，大多因为宗教已形成国家的经济与社会负担，甚至向皇权挑战，因此政府不得不采取行动。事实上我们是彻底的泛宗教的民族。在这里，不但每一种宗教都可以发展、生存，而且每一个中国人都有同时接纳各种宗教的度量。对宗教一视同仁，而且同样尊重或相信，确实是不可思议的一种融合。我们从来不发明新宗教，而接受所有的宗教。

对知识分子而言，儒、佛、道三家实在不易自生活中分开。到后期，思想也混融在一起。读书人都是孔门的信徒，然而对佛经道藏无不下一点功夫。至于一般世人，则无教不信、无神不拜，分不清何为佛何为道。“有奶就是娘”的现世作风表达在宗教上，就是“有灵就是神”。佛教衰微后的宗教，事实上是泛神教，合高级宗教与原始拜物教于一体，使初来中国的欧洲学者不能不惊讶这样一个古老的文明，居然保有原始的神秘气氛。

宗教既然混杂不分，宗教的建筑自无各具特色的道理。甚至外来的宗教，如回教与基督教，一直无法完全融于中国人的生活与建筑中，不是中国文化有排斥性，而是外来宗教的本身太缺乏弹性，不肯融合。回教的礼节与基督教礼拜应该也可以容纳在中国建筑之中，但前者需要一个双轴对称的空间，后者需要一个纵向进深的空间，它们不肯放弃。所以这两种宗教，尤其是回教，在我国亦发展了独特的建筑，是一种回教空间外罩以中国外衣的建筑，在精神上不属于中国文化。而完全经过吸收的佛教的建筑，与儒道并列，尤其到后代，几乎完全是一致的。不但在建筑上无法识别，甚至一庙之中同时奉祀三种神也是很普通的。台南市属于潮州的三山国王庙兼奉三山国王、妈祖、韩愈，就是一个例子。其他例子是不胜枚举的。试想民间把严肃的宗教或人间的贤哲与送子观音等同样看待，同样礼拜，其生活价值的混融性就可想而知了。

由于这种包容的态度，中国人发展出一种具有高度流动性的、雅俗共赏的文化。根据我初步的了解，这种文化成熟的时代约在明朝中叶以后，戏曲与通俗小说是这种文化产生的媒体，旁及于绘画、陶瓷、园艺。崇尚雅乐、律诗的贵族时代从此不再见了。

自通俗小说上表现出来的雅俗交融的特色，可用一例来说明。中国人分不出爱情与情欲的区别。一般说来，爱情是情欲的升华，是文雅的、贵族的。但以《西厢记》为代表的中国人的爱情观，只是达到满足情欲的目的之前，感觉锐敏，因此使迫不及待之情绪发而为感伤之情而已。可以称之为人类的思春现象，这与西方浪漫主义的伟大的爱情观，甚至可为爱情牺牲，且有“柏拉图爱情”之说的文化背景是完全不同的。中国人的爱情是一种素朴的爱情，可以称之为调情，这种爱情与世俗的观念可以完全沟通。素朴的爱情就是上床之前的爱抚，其目的在激起情欲。文人雅士所用的方法比较高贵、曲折，凡夫走卒之方法则嫌直率、粗鄙。由于其理念相通，雅俗之间是可以互通的。《西厢记》所描写的就是男女主角到达肉体关系之前的复杂过程，当此关系完成时，戏剧就要落幕了。至于男主角达到了满足情欲的目的，然后就弃之不顾的事实，对中国人而言是很自然的事，不值得我们进一步追究。

这种落实于通俗小说上的文明，表现在建筑上，就是理想与事实的混淆。在生活的建筑上，追求梦境，信赖幻觉。自上层社会看，庭园建筑成为梦境的具体化。自明末以来，园林设计家辈出，计成、李渔之辈甚至留下著作。然而贯穿理论与实务的精神，就是幻觉的创造，这是彻头彻尾的现世精神。生活是现世的，糅合了高雅的风貌与肉欲的享乐；同时认定了物欲的人生是梦幻的人生。清风明月，还要美人在座才成，这是精神与物质合一的人生。

对于上流社会的知识分子，建筑并不存在，建筑是一座布景而已，它的目的在于激发想象力。为了达到此目的，建筑成为一个架子，上面布满了对联式的诗句及供清赏的书画。当需要建筑的时候，其外表也要述说主人如梦般轻灵的胸怀。

在一般大众的层面，由戏曲与通俗小说所构成的文化，为建筑披上了一层雅俗共赏的外衣。连统治者也强调“与民同乐”，对民俗积极地接纳、鼓励。士人所努力争取的官家地位，本身即被民间的渲染所俗化，民俗构成全国一致的装饰艺术的根基。龙凤的壮丽，花鸟的艳丽，通俗历史故事的纤丽，装点了生活中的器具、衣物乃至建筑，甚至专属于士人的山水画与水墨笔法也落入民间艺术家之

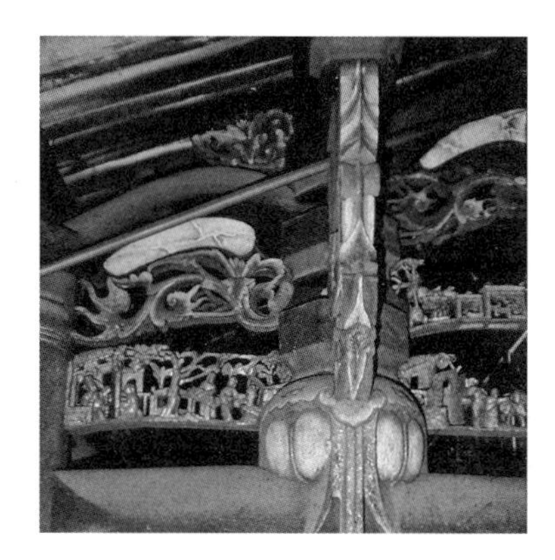

（左图）传统建筑上的装饰 （右图）西方建筑上的瓷器

手，与手工艺混为一体。菩萨的形象混合了仙人、仕女的飘逸清丽，在民间艺术家之手中，可同样纳入装饰的系统之中。

这些综合而为一种奇特的浓艳的建筑环境。由于建筑的装饰是富有阶级所专享的艺术，也是由读书人所主持的寺庙或公共建筑所不可或缺的艺术，价值受到普遍的肯定是无疑的。

如果就生活的本质来看，西方 18 世纪的洛可可时代的贵族生活似乎很接近中国的传统。瓷器可以作为东西文化表现在生活上的共有媒体，也说明西方生活观念受中国影响的事实。除了表达俗世生活的瓷器上的浮世画之外，一切装饰艺术均指明了当时雅俗共赏的宫廷艺术的特色。连带的，学院艺术也感受了浮世的影响，降低了超然的风格，这就是所谓世纪末的风格。

但是洛可可时代缺乏像中国文化中的一体两面的本质，所以在西方文明中无法持久，不瞬间，理想主义的风暴为欧洲带来了民主革命的运动。因此，洛可可的繁缛与铺张，成为科学与民主的温床。而在中国，社会的骨架一直是严肃的，富于秩序的，社会的表面却极尽繁俗，两者融为一体，没有理想主义茁生的土壤，所以就

没有革命。欧洲自18世纪以后，在建筑界、艺术界一再出现反省的浪潮，直到19世纪中叶以后，改变了建筑的风貌，出现了现代建筑的雏形，至20世纪初而正式成熟。在中国，则要等待西化的浪潮到来，才认真地面对现代环境的挑战了。

为结束本讲，我斗胆把林语堂先生《吾国吾民》中，谈论生活艺术的“小引”中的部分文字，予以“断章取义”引用在后面。

> 文化也者，盖为闲暇之产物，而中国人固富有三千年长期之闲暇以发展其文化。他们固饶有闲暇时间以清坐而喝香茗，悄然冷眼的观察人生；茶坊雅座，便是纵谈天地古今之所，捧着一把茶壶，他们把人生煎熬到最本质的精髓。他们还有很多时间来谈论列亲列宗，深思熟虑前代俊彦的功业，批评他们的文艺体裁和生活风度之变迁，参照历史的因果，借期理解当代人生底意义。

> 每当酒香茶热，炉烟袅袅，激水潺潺，则中国人的心头，将感到莫名的欣悦；而每间隔五百年或当习俗变迁，他们的创

造天才将备感活跃，常有一种新的发明，民族的生命乃复继续蠕动而前进。他们常悬拟所谓永生不灭的幻想，只当它是永远不可知，永远是揣测的一个哑谜。却不妨半真半假，出以游戏三昧的精神，信口闲谈闲聊。

他们有时觉得世间一切可知的智慧都给自己的祖宗发掘穷尽了，人类哲理的最后一字已经道出。职是之故，他们终生营营，着重于谋生存，迷于谋改进。他们耐着无穷痛苦，熬着倦眼欲睡的清宵，所为者，乃专以替自私的庭园花草设计，或则精研烹调鱼翅之法，五味既调，乃以特别风味而咀嚼之。如是，他们在生活艺术之宫既已升堂入室，而艺术与人生合而为一。他们终能戴上中国文化的皇冕，这是一切人类智慧的终点。

也许有人认为林语堂对中国文化的解释乃出于讽讥，但是他观察入微，所讽讥者，也正是肯定的一面。他的这段文字（经我删改过）所描述的“他”，实在并非专指有闲阶级而言；他所说的闲暇，也并非专指读书人的闲暇，乃指出了中国人普遍的理想。即使是劳力者，在痛苦的工作之后，也要来上一杯老人茶。乡野粗人也可于树下石凳、厢门石礅上，捧茶闲聊。而他的精义实在于“艺术与人生合而为一”的观念。

只有在人生的大观念下，才能了解中国建筑的真义。建筑是中国人生忠实的奴婢，也是一面雪亮的镜子，它自己的存在是浮动而虚空的，我们千万不能以外国的理论来权衡它。对于中国建筑，要在人生中去体会，谈其艺术性，虽亦可言之成理，却是枝微节末了。

第二讲

自建筑看文化

在上讲中，我们简要地说明了中国文化精神影响下的中国建筑，也就是以中国文化为纲领，对中国建筑的一些内涵加以解释。其间的关系有些是具有积极的正面作用的，有些是消极的，具有制约作用的。我们希望通过文化的架构去了解中国建筑隐藏的意义，为了把观念说明白，有时候我们不得不把外国的例子，尤其是欧洲的传统，拿来作为比对。

然而相信读者仍觉意犹未尽；有些读者不免觉得所谈太过迂阔，不落实际。原因是：文化为一相当疏朗的架构，建筑虽然十分接近生活，与文化密不可分，但其本身则为形而下的“器”，在讨论中很难自上而下，一体贯通。我曾试着那样写过，但行文有牵强之感，似有意而为，因此我决定专写一讲，采取自下而上的方法，从实际的建筑，透视中国文化。我希望通过上下两向交织的方法，可以把被遗漏的重要观念弥补起来，使读者对我的看法有更明确的了解。

在本讲中，不可避免地，有些内容会与上讲相近似，但近似而不重叠，是因为两讲有互补的关系，读这两讲应该互相参照。事实上，两者合起来，才是我要讨论的全部内容。质言之，在上讲，我是用文化架构谈建筑，这一讲，我要用建筑的架构谈文化。

事实上用建筑的空间、造型、结构等为纲要来谈中国文化，是我常常使用的方法。近年来我应邀谈论传统建筑大多是这种方式，发现听众比较容易接受。自另一方面看，中国文化的著作家，讨论到细节，以各种艺术形式来印证他们对中国文化的解释的时候，常常予人以“隔行如隔山”的感觉，这种情形尤其发生在建筑上。我国的读书人对于字画是本行，对戏剧是观众，对建筑是外行。所以我写这一讲，多少也有补充他们著作之不足的意思。

同时在一般中国建筑著作中，常提到建筑的特色，本讲的内容大体上也是一种特征性的讨论，只是在文化的背景中讨论而已，所以说本讲为建筑史各部分分论的一个帽子亦未尝不可。

建筑的空间

通常建筑上所谓“空间”是对平面或立体空间而言。我国的建筑没有多少立体性，所以本节的讨论提到空间，乃指平面空间而言，也就是一般所说的格局。

若从中国建筑的平面看，反映出我国文化的独特性，非常明显，因为空间就是生活的容积，空间的格局就是对生活的具体说明。如果要用两个词来形容中国人的生活空间，大概可以“单纯”与“圆熟”概括之。

我国是一个古老的文明，当其始，生活简单，空间的需求有限，

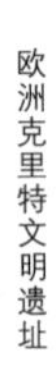

欧洲克里特文明遗址

日出而作，日入而息，居住空间只是一个巢而已。一切古老文明的建筑始源莫不如此。但是当文明渐渐发达，生活的要求增多，人际的关系复杂，建筑的空间自然会跟着复杂起来。然而这一发展的历程，没有出现在我国，乃形成我国建筑文化的一大特色。

自简单到复杂的发展，在近东与古希腊一带文明中看得非常清楚。居住空间始于单室的细胞，采圆形或长方形，然后经过近千年的发展，形成房屋的雏形，即多间的长方形空间，反映了早期的家庭组织与生活方式。在古希腊，这种发展成熟的生活细胞被称为马加廊（Megaron）。文明继续进步，建筑的空间复杂化益为强烈，对于对建筑史陌生的人，看到一张古希腊建筑的平面图，已经无法想象其生活的内容，虽然马加廊的形式仍隐约存在。

西方人对庞大的建筑的观念，几乎就是复杂的建筑。19 世纪末英国人发现了克里特岛文明的遗址，其中公元前一千多年前的米诺王宫，数不清的房间交结在一起，我们所能指出来的不过是具有宗教仪典性的部分。整座王宫就是一个迷魂阵，据说迷阵的英文字是labyrinth，就是从希腊神话中描写这座宫殿而来的。

这就是建筑空间的复杂之最了，但西方人追求复杂的观念并没有改变。我们自公元8世纪的黑暗时代，下推到15世纪以后的文艺复兴，看欧洲人的建筑空间的发展，其步骤如出一辙。自单房的细胞民房出现之后，城里的空间衍生出多房间的住室，就是今天西方住宅的母体。至于达官贵族，由于生活上的需要与仪礼上的铺张，其建筑空间堆积之甚，今人能了解的不多。

西方贵族的住处，自中古末期的城堡型宫殿，到凡尔赛宫的苑囿式宫殿，其平面无不繁复，予人以迷阵之感，即使是西方的观光客对于凡尔赛宫无数串联的房间也感到迷惑。这种传统到了近代，就是西方新建筑中所倡导的功能主义。

中国的建筑自"生活细胞"发展成熟以来，就再也没有向前进展，所以至少自秦汉以来，我们的建筑在空间上就没有"进步"了。自表面上看，因为一直保存了上古的生活空间形式，也就是比较接近原始时代，所以空间的观念是很单纯的。我国两千多年来，汉族的生活空间就是以"三间房子"为基本单元的。比较有规模的住宅的空间，乃是这种基本单元的重复与组合。在观念上，确实与原始民族的聚落组织有相通之处。

然而我国建筑中的单纯却不是原始，乃是我国文化中特有的智慧所造成的。物之原始代表两种意义，一为初生时形式上之粗陋、生涩；一为创发时之生命的凝聚，所以原始并不一定表示落后。西方近代的哲学家胡塞尔在思维方法中强调追溯原始状态的重要，建筑大师路易·康亦呼吁对建筑精神的了解要追溯原始。这些思想家提倡追溯的意义，不过是因为文明的累积过甚，外物出现在我们的感官中，逐渐已无法呈现出其内在的意义，因而使我们的灵智掌控不到其真义所在。这个观念说起来好像很复杂，其实略加反省就可以明白的。

在晚宴中出现的贵妇人，衣着华美、珠光宝气、婀娜多姿，然而无人注意及于她的衣物存在的意义；只有她自己知道她的打扮虽入时，却不能寒暖适度，行动自如。我们参加外国的宴会，常常感受到外国近三百年来发展出的饮食礼仪的压迫，但见杯盘刀叉之盛，而不见食物；但见优雅的谈吐与举止，却食而无味。这种衣食的文明之累随处可见。做一个现代的智者，不能不透视文明的层层外衣，看到原始初创的状貌。

在观念上透视原始，并不表示一定要茹毛饮血。我们要保留其原创性的部分，使观念出现时都带有生命活力，但并不表示把原始时的粗陋生涩也保留下来。在西方文明中，他们不能了解这两种性质可以分开的道理，他们以为要原始就要粗野；要单纯就要幼稚。因此为了脱离原始与单纯的状态，走上分解与复杂的路线。为了要避免粗野，把吃的行为自各种角度予以分解，吃不同的食物使用不同的用具，只是因为鱼与牛肉的硬度与韧度不同；喝不同的酒使用不同的杯子，是因为各种酒的浓度与气味不同。推演到极处，西方文明人的生活就在形式与工具中打转，忘掉生活本身了。

但中国就要把两种性质分开。我们要保存其精要，抛去其糟粕；把原始的状貌加以文明之琢磨，使之更加明亮，更加突出。我们的吃是世界上有名的，也是最文明的，却不受文明之累。在原始的吃中粗陋与残忍的部分，我们都尽量改变，但在享用食物上绝不受形式之累。比如西人虽在形式上极为繁琐，然仍将血肉上桌，或

动物原状出现席间，而孔夫子告诉我们君子远庖厨，其意义就是把残忍与野蛮的那部分在厨房里处理掉，上得桌来就只有美味了。

在吃的观念上一直保持单纯，在吃的行动上则力求圆熟。用手抓而食之，最能显现吃的精神，但是野蛮的；用各种刀叉与使用刀叉的规定把吃的意味降低了，亦未见文明（刀叉为武器）。中国人用手指延长的观念发明了筷子，在烹饪的作业中消除了人类与牺牲间相斗争的残象，而能畅然地享受到吃的满足，就是中国式的单纯与圆熟的文明。

在建筑上的意义是相同的。我们看到一座西方的城堡，见其塔尖插云，栋连栉比，错综变化，真称得上美轮美奂，但却觉得只能入画，无法了解其如何供给一个舒服的居处。前面说过，西方的宫殿大部分是迷阵，事实上路易十四到了晚年，就吃不消凡尔赛宫那种过分形式化的迷阵，在附近不远处造了一座简单的小型宫殿，作为日常起居之住所。

西方人在建筑发展的过程中，同样使用了分解的方法。他们把日常的生活加以分类，诸如待客、吃饭、睡觉等，认为不同的活动应该有不同的空间，所以就发展出我们今天所见的西式住宅了。顺着同样的思想方法，他们还把各种不同用途的建筑，都加以功能的分析，给予不同的空间。因此建筑学成为专门学问，是与西方科学技术的发展同一源流的。

经过仔细的分析所得到的居住建筑，与餐桌上的刀叉杯盘一样，可以有几十个房间的住宅，可以有客厅、起居室、休息室、家庭室、阅报室、饮酒室，来代替一般住家的客厅。但就居住人的舒适度而言，反而会因此降低，因为时间是不能扩张的，空间的过分推展就造成生活上的负担了。中国人在建筑文明的发展上持有完全不同的态度。

如果以时间为纲来考虑，一个舒服的居住生活，并不需要很多的房间。在一个房间里能完善地解决多种需要，事实上是最理想、最便利的生活空间，这一点连美国人也体悟得到。所以中国人对于居住空间的扩展的要求，从来不是基于功能，而是基于情趣。中国的大宅栋宇连云，但主人之所居仍不过内外三间，中国的住宅是家族的住所。

我国的建筑彻底表现了中国文化的这一自然主义精神，掌握了原始中的精要，集中了文化的陶冶力量，把生活中的物质与精神交融在一起。在我们的文化中，抽掉了物质，就显不出精神，就是因为其中的原始意味。所以我国的建筑就是经过细致文化装点的原始居室，其原始性就是大自然化育的力量，是天地之理。人类的文化不过是赞天地之化育，使这种力量更显现出来。我国古人对性持有相当开放的态度，也是自然主义的思想使然。

我国建筑自单纯的三间房子开始，发展为庞大的家族聚落，也是同样的自然的延伸，毫无牵强之感。三间房子不够就两端各加一间，而成五间，居住的建筑很少超过五间，因为过长就不方便了；宁愿再起一座三间的单元，与原有三间并列（如南方住宅）或呈直角，构成曲尺形，进而构成三合院（如北方住宅）或四合院。如果从成长的观念来看，中国的住宅是自三间房子的单元重复而成，如同原始细胞的成长一样。院落是空气与光线所必要，所以围绕着院落发展，乃理之当然的。

所以在成长的原则上，中国的家族聚落与非洲的原始民族的聚落并无不同之处，与欧洲的城堡式的复杂架构则完全不同。然而我们虽保存了自然的原创的模式，在住的文化上却是非常成熟、非常考究的。

爱好中国建筑的人士乐于称道中国建筑中的空间变化之美。实际上，中国建筑的空间变化指的是建筑群所形成的户外的空间；中国室内的空间是很单纯而融通的。诚然，我国的建筑群中有庄重典雅的大院落，有各种比例的灵巧玲珑的小院落，细长令人有无尽之感的宁静的长廊，有曲尽转折之致的各种通道。在今天城市中过生活的现代人，走进这样的空间中，很难不受感动。

中国人用怎样的聪明才智去创造这样丰富的空间变化呢？说穿了一文不值，却又蕴涵了最高的智慧，那就是中国人根本没有考虑到空间。因为我们没有空间的理论，所以没有人刻意地考虑到空间的功能。如用外国人的观念来看，我们的户外空间只是些在安排了房子之后剩余的空间。除了大厅前的主要院落之外，那些曲折而有变化的夹道与小院，并不是为《红楼梦》上所描写的偷情之便而设计的。那如同在一块布上剪花样，剩下来的废料，其花样较正料还要富于变化。如果在空间使用上考虑得太多，反而失掉了天成的空间趣味，失掉了令人意想不到的神韵了。今天的都市设计家大多可以体会到这个道理。

试想若非天成，谁会去计划一条长近百米而宽不过一米的夹道？这种不经意的创造，是中国人所特有的，一旦创造出来了，中国人真能体会到空间的奇妙，就略加点缀，把空间的神韵激发出来。山墙上来点装饰，夹道上横一座拱门，在金门的王家大宅（今民俗馆）的例子中可以看到成功的、令人忍不住叫好的表现。

要点是，中国人从来不为通道而计划通道，但在配置房子时，注意留些夹缝作为通道。所以中国的狭长夹道虽有平直有力如金门民俗馆者，亦有如鹿港的九曲巷一样，富于曲折变化。由于中国人的户外空间是剪裁剩下的，却在剪裁时，考虑到所剩下的空间就是通道，所以中国的传统建筑群中没有浪费的空间。换句话说，一切经过建筑物与墙壁切割的空间都充满了生命。

中国的“生活细胞”，长方形所隔成的三间房子，如果与外国的建筑或今天我们所熟知的都市建筑比较起来，有些意义是要说明的。

古代希腊也发展出了长方形的居住单元，而且也分隔为三间，但他们不但没有把这个单元重复使用于建筑上，而且三间的观念与我们也大有分别。他们的三间是直向排列，是前、中、后的联结，而我们的三间是横向排列，是中、左、右的联结，这一点几乎可以说明了中西文化之间的分际。

西方的过深层次的观念，反映了居住空间中公共生活与个体隐私的精神，也反映了隐私的神秘性。这种观念当居住单元发展而为神殿时就特别明显了，西方的神殿及后来为基督教借用为教堂的形式，都是长方形的建筑，也都是自短向进入的。所以我们几乎可以

北京某四合院抄手游廊

说，自短向入口的建筑在基本上就有宗教的精神。实际上，自古埃及以来，神秘的进深空间已经与宗教有不可分割的关系了。

宗教的空间可分为前室、大殿、神龛三部分。前室是一个整理仪容、调整心情的空间；大殿是狭长、崇高、有拱廊夹峙的空间；神龛是神的象征的所在。信众在这进深轴上向前运动，自然会感受到神的伟大与自我的渺小。同时自古希腊以来，西方的宗教建筑就把信众运动的轴向定为东西向，他们的殿堂若不是东向（罗马帝国及以前）就是西向（基督教建筑之后），因此殿堂之内的信众永远面光或背光，在空间的氛围上是有令人震撼的挟制力的。

中国的文化中从来没有发明这种具有震撼力的空间。我们的"三间房子"是横向排列，而由长向的中间进入室内。进入室内返身对外落座，立刻就可掌握全部空间，毫无神秘与隐藏的意味，人是中国文化的主宰于此可见。左右各一间均为居室，均开窗面前，原无私秘之可言。在过去，这中间的一间称为堂，左右两间即为室。

“登堂入室”不但说明了堂要“登”的观念（见后），而且说明了私密的层级，所以我国的建筑中有明暗的观念。

自北方中国文化的发源地所产生的“三间房子”，是包容在厚厚的墙壁内的空间，只有前面才有门有户。堂屋的中间称为明间，面阔较大，全用落地窗代门，是明亮的，而两边的卧室，都是暗间，前面只开半截的窗。由于后面与侧面都没有开口，室内确实是比较阴暗的。然而阴暗的卧室仍然面对前院开窗，是一种为生活而安排的空间。同时，我们的三间房子是南向的，南向不但有冬暖夏凉的好处，而且阳光的照射整天都是温和的、愉快的。而我们的庙堂，除掉了隔间，则为单一空间的厅堂。在庙宇建筑中，由于自长向正面进入，大殿的神像与参拜者的距离是非常接近的，因此并没有神秘的空间感。我们的庙宇气氛是用香烟缭绕与法相庄严等因素造成的，因此即使在宗教建筑中，宁静肃穆有之，香火繁盛有之，却没有激发宗教情绪之空间。欧洲人直到文艺复兴才开始在居住建筑上采用长向进口的格局，而在宗教建筑中却直到今天未曾改变。

前文提到，我们的三间房子是因一明二暗组织成的，其所以形成一明二暗的缘故，显然因为后壁与两侧壁均为厚墙围绕，不容许开窗所造成的。有外墙而不开口以通风采光，是中国建筑的一大特色，其起源容后文补述。但到后代，这种空间的格局就与中国人的宇宙观分不开了。

在进一步讨论这问题之前，我要先指出一个更重要的观念，那就是中轴对称的空间观念。因为两者是相关的，两者都显示了中国雅乐的空间，反映了中国人的宇宙观，是人体的扩展，是以人为中心的。

建筑的对称在中国人看来似乎是理所当然的，但在西洋的传统中，对称的建筑只发生在人文主义时代之后，也就是文艺复兴的建筑中。在中世纪，对称的建筑是有的，但对称不是重要的条件。西洋中古的教堂中最最具有代表性的作品是沙特尔（Charte）圣母院；而该院的正面是不对称的，而且是有意不对称的。到后代，凡是带有浪漫意味的西方建筑都以不对称为原则。

在文艺复兴以前，西方历史上亦有对称之建筑，那就是古希腊罗马的庙宇。但是我们可以有把握地说，西方古典建筑的对称性并非直接源于人文主义精神，而是来自对形式和谐美的要求。形式的和谐固然是一种人文性的要件，但古希腊乃透过数学秩序，去追求此一目标，而数学的秩序却同时兼有宗教的精神。这就是柏拉图哲学能与天主教教义相交融的原因。总之，古典建筑的对称性是其和谐美的一部分，乃几何推演的结果，并非以人为中心的直接诱导的结果。

法国沙特尔主教堂

北京紫禁城端门

这一结论不但可自美学上推求而得，也可自建筑的配置上观察出来。古希腊代表作——雅典的卫城（Acroplis），其中的建筑虽大多对称，但其配置的方式却从不考虑观众能否看到其对称面。这种情形在古罗马城市中心（Forum）的重要建筑上亦大体相同。试想计划一些对称的建筑，却不能看到它们的正面，这种对称的意义岂不是仅存在观念之中吗？在今天我们常看到在狭窄的街道上建造大规模的对称建筑，其缺乏积极的造型意义是完全一样的。

所以真正的对称，必须是中国式的。不但个别建筑物完全对称，而且要依着一个中轴排列起来。道理很简单，只有这样，观察者才能看到建筑真实的对称的形貌，而且永远看到这样的真实。西方人只有到了文艺复兴之后才发现了轴线对称配置的意义。

人文主义的建筑反映人体的感官，由感官而导致情绪。由于人体大体是对称的，人类双目平视，对外物的观察是水平走向的，故水平的对称形合乎人性，反映均衡平和的心理需要。简单地说，眼睛看到的形状是最重要的，我国建筑的对称乃以眼睛看到的形状为准。你面对一座左右对称、两翼舒展的建筑，乃能与你对自己身体的体会相融合，而感到一种精神的和谐；你若不能与它面面相对，就不能得到声气相应的精神效果。中国传统的大中至正的精神要在中轴线上才感觉得到的。

由于我国文化是感官主义的，建筑的对称非视觉所能觉察的并不刻意要求，所以我们的建筑只要求正面对称，西方的双轴对称虽偶尔可见于我国，大多属于例外。我们没有如同帕特农神庙一样的建筑，我国建筑的看面对称，但前后几乎不相同。

为什么前后不同呢？我们又回到“一明两暗”的问题，因为中

国建筑是有前后之别的，是有方向的，与人一样，立地有背有向。在中国建筑发生的黄河流域，是以坐北朝南为原则的，中国人遂建立了一种背北向南的宇宙观，中国人在从事空间的想象时，这种方向感不期然地就出现了。一座中国的住宅，实际就是主人宇宙观的实现，就是主人身体的架构的影射。

所以中国的建筑图样习惯上以南在前在上，与西方恰恰相反，中国人的左右观念亦与西人相反。中国人与他的建筑是合而为一的，所以建筑的方向也就是人的朝向，所以南方在前。而西方人以建筑为客体，观察此面建筑而立，所以北方在前。

当中国的住宅自三间房子的单元逐渐成长的时候，就自然地形成院落，这如同蜜蜂建蜂窝一样地自然，因为只有这样才能保持单元的完整，而且有通风采光之便。北方的住宅这些院落是由南北向的正屋、倒座与东西向的厢房所组成，南方的住宅则常由主向（不一定南北向）的正屋与围墙、廊道形成很多小型的院落，可说是一种变体。这种院落的形成也许是常识性的，但加上中轴对称的原则，就显现出深厚的人文精神了。一座简单的三合院，实际上等于张臂向前的人形，主房就是正身，两厢就是两臂，拥围着一个自己的天地：那就是天井。这三合院是中国建筑群的核心，也是生命所在的花蕊，一座大宅可以有若干进、若干院，但莫不以这中心的合院为精神主导。北方的跨院，台湾的护龙，不过是披了多层的外衣，不过是层层花瓣而已。

上述背、向的观念，可以用现代领域理论来说明。背后需要较少的空间，但要有坚实的靠背，前面则需要较广阔的空间，以掌握环境，台湾建筑宅前的埕可以说明这个观念。最明显的例子是故宫，太和殿前的空旷的空间占了四分之一的面积。自这一观念看，每一中国住宅的主人都有君临天下的姿态，只是这天下的范围不尽相同而已。对于真正的中国读书人，在正房中正襟面南而坐，举目前视，虽无君临之意，亦不免为家国而沉思；《大学》正心诚意、修身齐家、治国平天下的理想，实际反映在传统住宅的空间组织上。因为这小小的住宅，是正我心的象征。我之所见，无不诚正，无不内省。然而此一空间虽仅为我仰事俯蓄之环境，实为国家之缩影，宇宙之缩影。故我必然以国事为念，以天下为心。所以中国的知识分子，不论在朝在野，心情是一样的；无不是身在乡里，心在庙堂。

建筑的形式

我们谈过建筑的空间与其组织之后，建筑的外观又如何呢？事实上，是根据同样的单纯而圆熟的文化精神而产生的，而这一点最不容易为人所了解。

中国建筑，尤其是台湾的传统庙宇建筑，屋宇翼飞，檐牙交叠，实在是极尽华丽与丰富之能事；在外观上，把它看成世上最繁杂的建筑亦不为过。不但外国友人看了感到惊异不置，即使我国的青年亦多有以为中国建筑的精神为纠正当前都市建筑之单调者。然而在思想的层面上，这可能是十分错误的。道理是，如果我们承认上讲中所谈到的空间原则，就可推想到，如何自一简单的空间观念，产生一复杂的造型观念。

这是不可能的。中国建筑的造型观念也是很单纯的，现代美国的建筑理论家文丘里曾提到“装饰的棚子”的观念，与我国的造型约略相近。他认为建筑就是一种掩蔽物，而予以装点而已。他自反西方功能主义的立场说出这样的道理，所以能接触到我国建筑的造型观念。

棚子或掩蔽物表示是原始的空间需要，而装点则是文明的圆熟的表现。这一观念虽很正确，可惜文丘里自美国商业建筑中找例证，找不到装点所代表的圆熟精神，因此他不能了解他的观念所代表的深层的意义。圆熟是一种生命精神的显现，在我们这样历史悠久的民族中，装饰事实上是累积了几千年的文化的信符，充满了现世的与象征的意义，文丘里能了解多少呢？难怪他的作品反而肤浅不堪了。

言归正传。我国建筑的形式是怎样自单纯中蜕变出来的呢？

我国建筑的长方形基本单元，当建造为“棚子”的时候，与世界上任何民族的形式没有区别。基本的造型可能有两种，一是两面山墙，上覆一两面坡的屋顶；一是没有山墙，上覆一四面坡的屋顶。

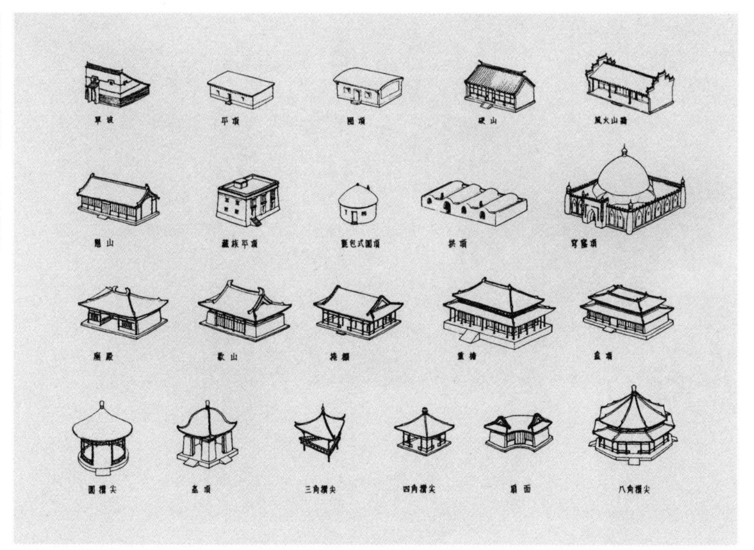

照理说，前者是比较合理的、容易建造的形式，在西欧的传统中非常流行，而且也是我们明清以来民间建筑的主要形式，然而在我国早期的文献与实物（模型与画像）中，却只看到第二种形式。也许由于遗物中所见为比较华丽的建筑的记录，也许在我国的秦汉以前，四面坡是通用的形式。在欧洲，文艺复兴以后，才由于不喜欢山墙的尖角，改用四面坡的。不论是两面坡还是四面坡，是生存在温带富有常识的民族所共同发明的，这两种造型的通用性的最佳说明，就是它们几乎是世界各地儿童画里对建筑物的描写方式。

然而经过文明的推演，欧洲各国早已把这两种形式发展为高度复杂的样式，如中世纪哥特教堂就是两面坡，而发展之甚，我们已经看不到它的屋顶，也看不出当年的轮廓了，只看到层层的飞扶壁；如文艺复兴以后的宫殿，实在是四面坡，但发展之甚，亦完全不见屋顶的形状，只讲究包裹建筑物的拱廊的样式；露出四面坡顶的法国芒萨尔式屋顶（Mansard Roof）也被栏杆、屋顶窗等装饰包裹

台北龙山寺庙

起来，显不出屋面的轮廓。总之，欧洲的文明表现在建筑上是把原始的形态予以包裹、改变。

中国的建筑数千年来既没有增加其复杂性，也没有改变其基本形式，只是加了一些装点，增添了“棚子”的文化意味而已。两面坡就是我们称为硬山顶或悬山顶的式样，四面坡就是我们称为庑殿顶的式样，后者自明清以来，为最高级、最尊贵的屋顶式样，只有皇宫及太庙的正殿才可以使用。把一个简单的仓库式的建筑，予以装点修饰，成为最尊贵的式样，让我们看了，果然觉得尊贵无比，就是中国建筑中所透露的造型的智慧。清故宫三大殿的太和殿就是庑殿顶。

在屋顶上，我们只把原型略加添修改。其一，我们把屋顶的线条予以软化，加上了一点曲度；其二，我们把屋脊略予强化，使屋面交接处有所交代，如同衣服的勾边；其三，为了加强线条的意味，在脊线的收头处均予以点饰，如同书法中笔画的起笔、收笔的顿法。

动了这三项手脚，一个平淡无奇的屋顶，就变得富于雅致的、温文的风采，具有中国独特文化风貌的建筑了。

应该特别注意的，中国建筑家从来没有努力把屋顶在建筑上的重要性降低。我们的民间建筑使用了很多的墙壁，但大多为隔断空间所用，在任何重要的建筑上，屋顶都是显著而突出的。这是因为只有屋顶才能表达出来原本的建筑的状貌，也就是掩蔽体的形象。中国建筑家的工作是装饰屋顶，是使屋顶更华丽，而不是把它掩蔽起来。在中国文化影响圈内的建筑，基本上是屋顶为主的建筑。

如果我们建筑的形式只是些简单的屋顶，为什么在台湾的庙宇中看到那么眼花缭乱的外观呢?

第一个原因，是我们发展了重檐歇山顶。中国出现歇山顶是自汉代开始的，推想其出现的原因，不过是住两面坡屋子的老百姓把四周加了个走廊。开始时是分两段的，后来才把屋顶连成一体，发展成一种为大家所喜欢的式样。所以原是民间流行的一种形式，明代以后，也只限官家与庙宇使用了。

至于重檐，产生的时代也很晚。在《考工记》上所说的“殷人重屋”，可能是楼阁的意思。在宋代以前的建筑文献与实物上都没有发现重檐，但《礼记》上说，“重檐，天子之庙饰也”，表示古代确有重檐。我们推想，由于宫殿高大，不易蔽雨遮日，乃于檐下加檐，所以宋《营造法式》上称为副阶，后遂成为表示尊贵的装饰。有清以后就制度化了，然而基本上是产生于对屋顶本身歌颂赞美的文化是毋庸置疑的。

第二个原因是因为中国建筑并没有考虑整体的造型，是由个别建筑组织而成，其外观纯属天成。

如果建筑的体是联结在一起的，如同西洋的建筑，则建筑的造型不论如何富于变化，也不可能令人激动。然而中国的建筑各部分不相联结，而是根据与造型美不相干的因素配置在一起，所以建造完成后所得到的结果，常常不是我们所预期到的（此种情形尤其以民间建筑为然）。

前文提到，中国建筑是由若干造型简单的单元组合而成，而非内部复杂的建构。由于单元多，每一单元都有一合乎其本分的屋顶，配置在一起，自然有飞檐交错、吻兽相望的变化。这些屋顶之间的关系并不在计划之中，而是偶然的。尤其在台湾闽南系建筑中，在面积狭小的基址上，建造甚多的单元，包括正殿、中门、两厢、过水、钟鼓楼等，各单元拥挤在一起，越显得各屋顶之间的交错关系热闹非凡，不但天际线富于戏剧性，院落的空间由于受到屋顶阴影的挤压，节奏就紧凑起来。外国的建筑由于追求单一体型的壮丽，内部空间虽然是复杂的，其外形反而显得简单了，一座庞大的西式建筑，屋顶只有四个边；即使是极尽变化，有八个边已算甚多了，甚难造成台湾庙宇建筑中庭的热闹景观。比较富于变化的法国文艺复兴时代之宫殿，如香堡，其屋顶的轮廓线形成的原则，与中国建筑很近似，是为建筑的每一部分戴上一顶不同的帽子，把各部分的身份显出来。但是因为法国建筑各部之间没有院落，各部分间的檐牙交错之美就失掉了。试想若把台北龙山寺盖在一座屋顶之下，其结果如何！试想着把圆山饭店的大屋顶加以分割，其结果又为何？比较之下可知圆山饭店名为中国建筑，在造型观念上实已西化，故其外形显得单调呆拙，缺乏韵律感。

谈到中国建筑的造型，除了上节曾讨论的对称之外，最重要的

是垂直方向的三段组合。

三段组合是中国建筑自其发生以来所自然形成的。那就是一座土石的台基，其上构以木架，再其上则覆以屋顶。与长方形单元一样，这是不能再解析的建筑公理，所以古希腊与罗马人也是使用同样组合。自几何学的构成上看，台基为低矮的长条，木架为垂直的柱列，而屋顶为一大约为三角形的空间。所以在基本组织观念上与外观上，我国的建筑与西方的古典建筑是完全相同的。实际上，虽然在文化本质上大异，印度的庙宇与玛雅文化的庙宇也不谋而合地发展出类似的组合方式，可见三段组合是一切文明民族在建筑造型上的共同结论。

先谈台基。中国建筑的台基是不可或缺的一部分，很多建筑史家都注意到。其产生的原因，也许与华北地区的水患有关。我国古人如墨子就提到台子是防潮湿的话，但这显然不是台基发明的主要原因。台基代表了很明确的精神意义，因为在干燥的中东、地中海

与中美洲，都出现了建筑的台基。

但我国的台基与其他文明的分别，在于很早即形成我国社会中体制的一部分。换言之，台基与宗教没有必然的关系，却成为社会阶级的象征。周代的规定，王阶崇九尺，诸侯七尺，大夫五尺，士三尺，一般平民大约只有一尺了。但这说明了一个事实，即凡有建筑必有台基；台基乃建筑不可或缺的一部分，不论是平民居住的建筑，还是王侯的宫室，乃至于南北朝以后的宗教建筑。

在《礼记》中只说明了台基的高度的规定，没有谈到建筑物的上部，这说明了台基的重要性。台基超过了一定的高度就有山的形象，所以台基不但代表了稳固的意义，而且有崇高、伟大的意义，当近乎山的形象时，就与神接近了。在佛教东来以前，中国的宗教是以崇天为主，辅以神话，甚至相信长生不老，肉体升天，所以古代的帝王，喜欢筑高台以祀天神。所谓“灵台”“瑶台”是介乎崇祀与游乐之间的建筑。到了汉代，筑台以覆阁其上，也就是这种传统的延续。佛教带来谦逊的心灵，后世筑台就少见了。

由于这样的背景，中国建筑之台，不但必要，而且要以坚实为上。除了在最近的发掘中，唐代麟德殿似有在台基之外加一圈木质小柱，显然受川滇影响之游乐性建筑者外，中国人抱着基宜稳实的常识性观念，在外观上，以表面砖石刻饰为文化圆熟的表现。同时，这也是人的生活空间与地面之自然过渡，自朴到文的转换部分。日本学习了六朝与隋唐的建筑，也都以石为基，但到后期结合了当地木材撑离地面的传统，他们的建筑上部是中国的标准构架，外观就有上重下轻的毛病。

台基之上是一个木架构。木架子是用柱子与梁组织起来的，为了防止木材腐坏，柱子下面都垫了石础，并不是直接插在台基的土里的。柱梁的上面都加上涂料，以免雨水侵蚀，并增加美观。到了后来，柱梁的大小与上面所涂色料的颜色，都成为社会制度的一部分。根据今天的了解，在古代，一般平民并没有建造木架构的财力与人力，所以一切规定都是自封建时代，根据士人以上的贵族，按阶级定下来的。

我们今天已不太知道当时对柱梁色彩规定的情形，但根据后期的建筑，我们知道，在基础上，中间的结构部分，是一个统一的色调。唐代的建筑，结构部分显现的就是鲜艳的朱红了。若以今天可见的民间建筑来看，木结构部分概为深沉的黑色，亦见其高雅素洁。我们的建筑是土木合一的建筑，所以在木结构的这一段，也有砖土的墙壁。在重要建筑中，这些墙壁与柱子涂了同样的颜色，所以形成了明显的中段。其他详细的讨论留待后文。

在外观上，柱列是我们的建筑上很重要的因素。凡是比较重要

罗马圣彼得大教堂及广场柱廊

的建筑，都有柱子。而民屋利用土构，占了很大的比例，在能力许可范围内，必然使用少量柱子于正屋上。柱子的象征意义十分浓厚，几乎可以与西方建筑相比较，尤其是希腊的建筑。

西方的建筑史家曾经认为柱子的出现是西方建筑文明的曙光，柱子代表垂直感的要求，结合了建筑的纪念性与美感。柱子，尤其是圆柱，不但使得阳光可以穿透建筑内部空间，而且本身的柱体的曲面，就成为视觉的重心。西洋的远古的遗存就能看出越重要的建筑，柱子使用越多。最初只使用在建筑的内部，如埃及与西亚的神庙，到后来的希腊，柱列就如同爱神的裙裾一样，围绕在神殿的四周了。自罗马大建筑家维特鲁威之后，他们研究建筑都从柱子开始。当建筑上的柱列消失的时候，就是蛮族南侵，古典文明沉沦，黑暗时代来临的时候。当西洋文明再现曙光的时候，就是天主教堂上再度出现柱子的时候。我曾经在一篇文章中指出，柱子是人类自身的影像。

中国建筑上的柱子一直没有经过这样肯定的时期，但是从商代建筑遗址的发掘中，可以看出，早期的柱子只有结构的功能。自结构的构件到造型上的重要象征，是慢慢发展成熟的。尤其是宋代以后逐渐发展出独立的回廊柱列，到了明清，就有普遍的前廊柱列与中和殿的四周回廊柱列。

如果柱列是一列树干，那么屋顶就是一个树头。我们在前文中说过，中国建筑中的屋顶是在形式上最重要的一部分，没有中国屋顶就没有中国建筑的形象。这虽然不为一些现代建筑理论家所同意，却为大多数中国人所认定。

1950 年代的中国建筑理论家认为柱列是中国建筑的主要因素。因为中国的柱列不依靠墙壁的扶持（“墙倒屋不塌”），而且柱列使中国建筑的空间有流通性，并能沟通内外，亭、廊是他们理想中的中国建筑。这种想法未尝没有其根据，但主要是受西方当时思潮之影响，他们不了解建筑的文化的一面，具有重要的民族认同的象征意义，抽象的空间流通是代替不了的，屋顶是中国建筑意象的主体，是三段形式的最上一段。

在同一段时期里，日本建筑家寻求新的东方形式，使用庞大的混凝土屋顶来模拟传统的屋顶的分量，比起纯理论家的看法要正确，但其形式的象征仍然没法完满地持续。这是最近十年来，传统形式受到重视的原因。

中国的屋顶，在形式上是带曲线的金字塔形或梯形。所以它带有纪念性，也有轻快舒展的感觉。它的长处是，越重要的建筑，屋顶越大，在三段的比例上，占有的分量越大，越觉其严肃尊贵。一般的居住建筑，屋顶甚小，在三段上所占分量越小，仅见其亲切轻快，而这种屋顶的大小几乎不需要特别的做作，却是自然产生的。

北京紫禁城太和殿正面图

北京太庙石台基

重要的建筑深度大，屋顶的坡度相等时，深度大就是高度大。这是西洋建筑的复杂造型所无法传达的意义。

我发表在《明道文艺》的一篇短文中，曾提到中国的三段式，可以用天、地、人的三才的观念去了解。屋顶为天，台基为地，柱列为人。一般说起来，居住的建筑，以服务于人生为主，当然应以人为重，也就是中段的柱列占有最大的比例。例如越是平民的住宅，中段占的比例越大，台基占的比例越小，柱子与门窗的图案成为外观上最重要的因素。反过来说，越是重要的建筑，屋顶与台基部分所占比例越大。

屋顶是天，所以它所占的比例最大。台基是地，所占的比例次之。在故宫太和殿的建筑上，天地人的比例大约是 3∶2∶1，这是最伟大崇高匀称的比例了。天与地之比，屋顶的比例加大就显其尊贵，台基的比例再大就显其雄壮。所以一般宗教的建筑，屋顶特别大，如天坛的比例约为 3∶1.5∶1，而庙宇的台基甚少超过柱高之一半者。北京城的几个城门，则台基（城墙）之比例大，约为2∶2∶1。

由于以柱列为代表的中段是人居住或用为仪典的空间，它所占的比例太小时，表示了屋顶与台基必须刻意地增大。夸大而不显其拙笨是中国建筑成熟的手法。

为了增加屋顶的高度，除了加深建筑的宽度外，中国在明代发明了重檐。这是由回廊演变出来的一种装饰，中国人毫不犹豫地使用这种装饰，如同穿一件漂亮的衣服一样，丝毫不觉勉强，一个过大的屋顶，由于这层重檐而消除了过分厚重的感觉，增加了韵律的趣味。

在台基方面，为了增加高度，第一个工具是石栏，如果由于制度，需要大量增高，就使用分层的办法。通常分为三层，每层均向上内缩。这样不但增加了高度，而且增加了台基所应有的安全与稳定的感觉，因此台基与屋顶都呈金字塔式下大上小的格局。中国人不喜欢反乎常情的头重脚轻的建筑，所以这种稳定的三段组合乃是中国自然主义精神的流露，在南方的庭园建筑上，虽然其亭台廊阁有很多是开放的，中国人仍然忍不住要保留台基的感觉。苏州的园林中，使用很多砖砌粉白的栏杆，在外观上，回廊的柱子立在矮矮的粉墙上，就觉得敦厚、踏实。而且与上面轻快而漏空的柱列对比起来，使亭、廊的轻灵趣味特别突出，比起花格子式的栏杆要顺眼得多了。

建筑的结构

结构就是建筑工程的系统，就是如何使建筑矗立不塌的系统。这在今天看来是科技的一种，似乎与我们讨论的文化面不甚相干。然而科技是文化的一部分，只有在最近的世纪里，科技才有独立于民族文化而发展的趋向。在历史上，尤其是在文化初创的时代，科技与文化是分不开的，谈中国的建筑文化而不谈结构体系，等于没有接触到问题的核心。

结构是什么？简单地说，就是一个民族所想出来的，把屋顶撑住，能抵抗风雨的法子。所以一个民族所采用的结构系统与自己的价值观念、历史传统有密切的关系，与他们所选择的材料也很有关系。在下面，我们分别简单地加以观念性的论述。

中国正统建筑的结构系统，是木造柱梁架构，就是用木材建造柱子，与梁柱搭盖而成，这在中国人是视作当然的。但是我们如果审视世界各民族文化的发展，就会发现，这只是很多办法中的一个办法而已。客观地说，它不是最好的办法，却是最适合我们的办法。

柱梁架构的特点是与墙壁完全分开的，木架是木架，土墙是土墙，所以北方有个说法："墙倒屋不塌。"有些建筑理论家认为这是一种了不起的贡献。其实这只是一种特色，碰巧在20世纪初的新建筑革命时期，勒·柯布西耶大师提出现代的钢筋水泥或钢骨架构有这种特点，所以我们就自认为比西方进步几千年，这是不对的。西方人今天已不再鼓吹这种新建筑了，难道我们要感到自卑吗？

我曾经在另一本书上说，中国的结构是土木合用的工程，所以我们古人称建筑为土木（"建筑"这个专用字眼可能来自日本）。在中国文化影响圈之外，建筑的传统可约略分为木建筑与土建筑，木建筑产生于西欧、北欧等木材充裕、气候温和的地区，也产生在热带多雨的森林带，如东南亚的马来文化地区；土建筑产生于北非、亚西等气象干燥、木材缺乏的地区，也产生在北、中美洲的山区的印第安文明地带。土建筑的文化开发了石材在建筑上的应用及其精神价值，由于石头的耐久性与纪念性，土文化如埃及，最早表现出建筑的伟大感人的一面，而木建筑的地区，很自然地开发了建筑空间的表现性，发现了轻快、灵通的精神价值，因为木材搭建空间是轻便简易的。真正达成高度文明，终能以其文化烛照人类历史的民族，在建筑上，必然是土木相结合的文化。

中国、希腊、印度都属于土木兼用的文化，然而代表东方的中国与代表西方的希腊是大不相同的。

希腊的文明自克里特岛以来，就是夹用木材与土石的。他们以木材为筋，以土石为填充，一座墙壁上，木材与土石间隔砌起。在建筑的里面，为了得到居住的空间，也使用木材为支撑。他们很重视柱子，甚至把支撑的力量看作神的力量，这与擎天是有关系的。到希腊半岛，这样的传统仍持续着，但在基本上，他们是以石为主的。在文化的精神上，他们倾向于不会腐烂的石材，所以自希腊文化发轫以来，就努力地把木材的构件用石材取代。他们的民宅虽仍保持土石为表、木材其内的做法，而希腊的文化表达出灿烂光辉的一页时，也就是建筑全面石材化的时代。总的来说，西方的传统，在结构体中，土木并用，以石结构为发展之目标。以英国为代表的后期（17 世纪以后）建筑，仍然是砖石（均属土）为表、木材其内的，并发展出非常精致的中产阶级的建筑艺术。

说得精确些，西方发展成熟的居住建筑与小型教堂，在外表上看，完全由石或砖砌成，其装饰物也大多是砖或石的雕饰。而建筑的内部结构，包括屋顶的架构与地板等，却都采用木材之长搭承在墙上。墙壁上大体亦多用木材作表面，而且发展出精致的木质工艺。

这一点与中国的建筑大不相同。

中国自古以来就是土木并用的，至少在殷商时代，中国就发展出排列整齐、左右对称的柱梁架构。这一全属木质的架构本身是完全独立的、自全的系统，并不靠土石的帮助。而土石则完全用来做台基，做外墙，把空间包围起来，在墙里并不夹着木材。

换句话说，中国成熟的结构体系，是把屋顶的问题与墙壁的问题分开处理的。墙壁对我们并不是严重的问题，也并不昂贵，因为自古以来，我们尽量用夯土来做，虽可用砖石，却亦无必要。我们所重视的是木架构本身，不到必要的时候，我们并不会把木结构包围起来。显露木造系统是当然的，而且是值得骄傲的。

这也可以说明建筑所反映的中国文化中简明的特质。屋顶犹如树头，宜木，故用木材解决；防止北来的风沙，需要石窟、洞穴，故用土石的壁体来解决，台基为地的延长，更加需要土石了。由于这样简明的观念，中国的宫室与亭阁在结构上就没有基本的分别，木结构围以土墙就是房舍，没有围墙就是亭阁。

在这里要加以说明的，中国古代亦有在墙上加木筋的办法，至少在汉代的遗物中，曾发现宫殿的壁体嵌以木条，然而这只能看作一种豪华建筑物的装修的方法，不能径视为结构的意义。到了后代，连这种具有装饰性的做法也被放弃了。

下面让我们较详细地说明结构系统的大要。

中国建筑木架构，前文提到，属于柱梁架构，这是因为木造的不一定要有梁柱。一般说来，使用柱梁的木架构是比较昂贵的，中国的系统是独一无二的，因此发展出独一无二的结构形式。

柱梁架构是什么？就是把屋顶撑起的系统，使用柱子上搭梁的办法。国人形容有用的人为“栋梁之材”，就说明梁柱在建筑上的重要性，也可以证明建筑对思想习惯的影响。这种架构在空间不大的屋子里尚不成问题，若要建造规模庞大的宫殿与庙宇，问题就很大了。原因是，木材为自然物，甚长的木材并非唾手可得。台湾的民宅房间宽鲜有超过五米的，就是受木材长度的限制。

梁柱的结构不但要受木材长度的限制，而且还要解决屋瓦下面的三角空间如何填满的问题。因为两支柱上加一支梁，是倒U形，而屋顶为了排水，必须是三角形。我国的匠师解决这个问题，是用叠罗汉的办法，在大梁上再架短柱，短柱上架较短的梁，这样继续架上去直到顶住屋脊为止。问题看上去是解决了，但却使大梁增加了不少的负担，使得梁的直径需要加大。在规模庞大的建筑上，不但大梁很难得，梁上的几层梁都很粗大，不是一般人可以购买得起的，这实在是观念最单纯而非常不经济的办法。

有没有更好的办法呢？有。有一个办法是中国南方的民间常用的穿斗式架构，只要把叠罗汉式的上几层的那些短柱都落到大梁上，大梁以上的梁就可以减少很多，而且还可以用短材接起来。上部的梁柱减小，分量就轻，大梁的负荷自然就减少，其本身的尺寸也可减小了，如果在不妨碍的情形下，把其中的一根以上的短柱延伸到地面，那么大梁更加省力，尺寸可以越发减小了，但是这种民间的智慧是无法被官家采纳的。我国的建筑大多没有天花，结构要露明，所以叠罗汉法被认为最能入目，久而久之，就形成典型的构造方法了。

还有一个办法是外国人所使用的屋架法（truss），这法子由于已在国内的现代木屋上流行，也不算稀奇了。那就是在斜屋面的下边各用一个斜材，与大梁形成三角形，再在中央加一个直材，使它发生吊挂的作用，用这个办法可以使梁材减少一半以上的尺寸。如果仍然太长，可于两个三角形各加一斜材，形成四个三角形，材料就更节省了。依此类推下去，三角形分得越多，木材的尺寸越小，跨越十几米的梁原应是合抱的大料，如今只要一些普通的木材就可应付了。这个办法西方人自古希腊时代就已使用了，就是后来静力学上的三角形稳定的原理。

这样一个简单的道理，为什么中国人居然没有想出来呢？理由是，我们没有向这个方向思考，完全相反，我们思考的角度与此是反方向的。

在汉代以前，我们有很多证据显示中国建筑是使用三角稳定原理的，在望楼结构上使用斜撑是当时很普通的做法。内部的架构使用斜材，直到宋朝还可以看出一点残余痕迹。但是中国建筑结构的发展，却正是自三角形结构的雏形，逐渐进入纯矩形的关系。换言之，越到后代，我们的建筑结构越肯定不稳定的四边形了。建筑在形式上是文化，是象征，而不是科学与技术，于此可见了。

正因为中国的文化自汉代以来，“方正”的价值观念日渐突显，“歪斜”被斥为异数，建筑的结构形式才端正起来，被后世所乐道的斗拱系统才建立起来。屋顶是三角形，那是事态之必然，无法改变。我们如何使三角形的大屋顶的斜角降低到最小限度，除了把主要正面放在长向，使三角山墙对侧面之外，在屋顶下的结构乃采用矩形间架，层层托起。斗拱系统就是这样伸臂托起出檐的那一部分。至于其他技术上的因素，在他处亦曾讨论过，为了观念上的精简，在此就不多赘了。有人说，发明斗拱的挑臂梁系统是我国建筑的大贡献，这话虽不无道理，但要在整个建筑体系的层面去观察，才能得到持平的结论。

1912年以后，很多热爱民族的建筑界内外的朋友，都希望自西方科技的观点来肯定中国建筑，这个态度是错误的。中国文化的价值不在科技，何以中国建筑要以科技来肯定？如果勉强加以肯定，那就是不确实的，或感情用事的。

最错误的说法，就是流行于建筑圈外的传闻，认为中国传统建筑的结构有神秘而不可解的学问，或云木结构从来不用钢钉而仍能结合不脱，或云数层之塔，高耸入云，风来不倒云云。实际，中国的木结构为一种直感的创作，乃匠师自长期经验中与身体力学之官能相契合后，得到的一种感受，从而营建者。这一点与中国人本主义的精神是相符合的，至于科学原理是并不存在的。

古代并无钢钉，故木材之结合概以榫接，此在器具中为然，在建筑结构中亦然，中西均同，并非特异于外族之制度。实际上，中国传统建筑十分容易遭受到破坏。在地震与多雨地带如台湾，每十余年必须大修一次。即使施工甚为谨慎的宫廷建筑（因若失误，工部官员要论死），仍要不断地维修。

传统建筑的木架构，由于连接处并不绝对牢固，而基脚只是一些放在地面上的柱础，整个结构是有弹性的，如同人体。匠师按人体的经验与传习的口诀施工，结构体带有浓厚的有机体的意味。所以中国建筑的结构是会“走动”的，当强大的外力来袭时，中国建筑不是以刚体来抵抗，而是以“柔功”、以节点活动与结构移位的办法去解卸。所以中国古老的建筑，几乎都有结构松脱、柱脚移位的情形，当然，不幸遇到过强的外力时，就只好倒塌了。

也许这正是不具备三角稳定条件的好处。据传说，某地有一多层高塔，遇有强风，常常摇摆如醉，却历久不倾，挺然健在。某青年工程师，自外学成归来，乃利用现代工程技术，予以撑持。事毕，适有大风，该塔竟颓然倒地。这种故事是非常可能发生的。在一个有机的柔性架构上，以三角稳定的方式使某一局部刚体化，则外力来时，反而无法解卸，使外力集中于刚柔交结之处，由于结构的局部无法承受大力，其倾塌乃为必然了。

但这不能认为是中国结构学的玄奥，可供世界工程界参考，只能说，中国传统的木结构，在工业时代以前的社会里，完善地反映了建筑技术上圆熟的“单纯”。文化的圆熟感是值得我们骄傲的，尤其当我们看到多层的木塔，每层柱子都不相通，层层结构都不相连时，只觉得中国匠师们艺高胆大。今天的钢骨水泥结构要经过法规的评审与工程师的计算，公务员仍紧张得怕负责任，比较起来，古人确实有把握得多了。

让我们回头来看看建筑的材料。

前文已说明中国的建筑为木架构为主，并且土木合用的。基本上，中国持续地使用木架构达数千年，而无改变的倾向，只有到清朝才发展出“披麻捉灰”的办法，局部地使用了近代合成木材的技术。所以外国人在清末民初到中国时，对于中国未能发展出石造的纪念性建筑而大感遗憾，这是可以用技术落后来解释的吗?

从表面上看来，我们的技术与西方石造技术比起来是落后的。访问过欧洲的人，对于13世纪的石砌天主堂，不能不表示由衷的敬意。他们在工作的精准上，雕饰的细致上，都不是我们所可企及的，但是我们从文化上去求了解，就知道这不是单单技术问题所可解释的。

事实上，中国在汉代已可建造相当精美的拱顶。秦汉两代的建筑用砖，为空心砖且有印花，是当时世上最高水准的制品，只是当时用在墓葬上而已。至于石结构，目前仍存在的赵州单孔桥，是隋代建造的，其结构之完美，造型之轻快，雕刻之细致，世上无出其右。这些都证明中国并不是没有发展砖、石建筑的潜力，只是我们无意于此而已，因为我们基本上是木材的文化。

中国人没有想到可以把砖石叠砌起来，建宫室居住，因为我们是简单而质朴的民族。我们发明了瓦，可以覆顶以防雨，已经很满意了，木材被我们视为当然、自然、必然的建筑材料，没有再考虑的必要。砖石属土，是应该被踩在脚下的，中国人不能相信砖石要建造在上百尺的高空，盖在我们的头上。只有死人才归于尘土，才被掩盖在砖石之下。活人需要生气；我们的居住环境要与象征生命的木材在一起。木在五行中居东与东南，为生之象征，色青、绿，以龙为象，以雷为声。

了解这个道理，就可知道何以中国建筑的材料以木为上，砖石次之。在乡间民宅群中辨别何为较重要之建筑，只要看其外露之结构，视木材较多者即可。砖石同类，然如混同使用，则砖在上，石在下，因石硬砖软，砖为人工所制，较具人性，这与外国建筑的观念是相反的。外国人以全石造为最上，砖为石之次等替代品，如砖石合用，石为结构，砖为填充，木为下材，只有中下等建筑使用。欧洲的中产住宅，砖石为表，木架为里。到美国殖民地发展中，砖有时亦不易得，方改为内外一致的木造建筑。但其木造之外观，常仿砖石做的形貌，这就是美国到处可见的维多利亚式住宅的形式。美国西部甚至把木造的外墙，伪饰为砖石的表面。有些朋友很直感地以为我国喜用木材，乃受古传尧舜教诲之影响。据说尧在世时，“茅茨土阶”，住的宫室就是今天的茅舍。他生活节俭，不伤民财命，

为后世所崇拜，引为典范。后世的帝王虽然喜欢奢侈的生活，在宫室建筑上踵事增华，却无论如何，不敢改用耗财的石料。

这种想法是不正确的，石造建筑并不一定消耗更多的人力、物力。试看欧洲的小市镇，在十二三世纪时所兴建的教堂，这些教堂可以称为巧夺天工，而规模之宏伟也不是我国宫殿所能比拟，然而它可以由一个小镇的成千人锲而不舍地建造起来。我国宫殿，以世界最富有、最庞大的帝国之主人，怎能说有人力、物力的困难？

不但如此，根据我们的了解，中国宫室因所用木材甚为庞大，其采集的费用与人力，绝非就地所取的石材可比。我国自秦代以来，即自蜀山中取木，木材取自高山，其困难可知，而间关万里，越山渡河，一木之费，到京时已数万金。后世首都移北京，大木均采自闽、赣、湘一带，其劳民伤财，每使在朝忠臣痛哭涕零。而每次宫殿修建，所需木材，何止千百？而木材建屋，时有雷火之灾，灾后又不免劳民。木构造比起砖石造来，实在花费得多了。

《晋书》上记载，当时的权臣贵族，竞以建大堂傲视群僚，蔚为风气。大堂之建就靠取得大木，所以某人取得特长的大木，为炫耀于朝臣，必邀宾客以示庆祝。另人不服，必多事搜括，以觅得更长之木材，还以颜色。这固然说明了权臣豪吏之狂妄，同时也证明木材之取得，自古以来就是很不容易的事。而在这样耗费的情形下，由于上文所提到的原因，国人居然并不考虑使用较价廉而耐久的建筑材料，这是只能用文化的力量来解释的。

在第一讲中，我们曾讨论到永恒的观念对建筑的影响，建筑材料的应用可以最清楚地反映民族的永恒感，中国人基于对自然的深刻了解，不能想象物质的永恒所代表的意义。木建筑的易腐烂性，正说明了我们对“白云苍狗”的认识。中国人并没有以建筑代表永恒的观念，而且没有使建筑永远流传下去的观念。在中国的历史上，改朝换代的时候，除了明、清交替之外，大多废弃旧宫，改建新殿，甚之者，以火焚除上代宫殿，彻底消灭上代的痕迹。当中国人实在要借实物留传后世的时候，要“藏之名山”。说明中国人勉强认为山是比较耐久的，所以文人喜欢在山石上刻字。至于建筑则是与人生一样，浮沉于世上的。